职业教育新形态立体化教材

高职高专物联网应用技术专业系列教材

U0159931

射频识别技术与应用

主编　陈又圣

西安电子科技大学出版社

内 容 简 介

本书是针对射频识别技术与应用课程的教学要求,结合最新的射频识别的理论和应用案例编写的,主要介绍射频识别技术的理论、应用场景,并提供实操的项目案例。全书共 10 个专题,其中前 6 个专题是理论内容,包括射频识别技术概论、RFID 系统及原理、电磁波传播的参数及 RFID 的耦合模式、感应耦合的前端电路、RFID 系统的信号调制方式和 RFID 的应用。后 4 个专题是实操内容,包括基于 Proteus 的射频门禁卡模拟仿真系统、物联网行业仿真系统中的 RFID 应用系统、基于 Arduino 的 RFID 打卡装置和智能商超中的 RFID 应用系统。

本书在选材上力求理论内容精简,重点突出应用场景的讲述和实操项目的具体实施,强调应用技能的培养,并选取 4 个具有应用场景的项目案例作为实操项目,提供完整的项目实现方法和代码。本书内容丰富、通俗易懂,尤其注重应用能力和项目实践能力的培养。本书配有课程思政、PPT、软件、源代码、课后答案、题库及答案、课程标准等资源,读者可登录西安电子科技大学出版社官网 www.xduph.com 进行下载。

本书可作为高职高专院校物联网相关专业基础课程的教材,也可作为物联网、无线传感网相关技术人员的参考用书。

图书在版编目(CIP)数据

射频识别技术与应用 / 陈又圣主编. — 西安:西安电子科技大学出版社,2021.1(2024.2 重印)
ISBN 978-7-5606-5859-9

Ⅰ. ①射… Ⅱ. ①陈… Ⅲ. ①无线射频识别 Ⅳ. ①TP391.45

中国版本图书馆 CIP 数据核字(2020)第 157176 号

策　　划　明政珠
责任编辑　明政珠　成　毅
出版发行　西安电子科技大学出版社(西安市太白南路 2 号)
电　　话　(029)88202421　88201467　　　邮　　编　710071
网　　址　www.xduph.com　　　　　　电子邮箱　xdupfxb001@163.com
经　　销　新华书店
印刷单位　咸阳华盛印务有限责任公司
版　　次　2021 年 1 月第 1 版　　2024 年 2 月第 3 次印刷
开　　本　787 毫米 × 1092 毫米　1/16　印　张　11
字　　数　256 千字
定　　价　29.80 元
ISBN 978-7-5606-5859-9 / TP
XDUP 6161001-3
***** 如有印装问题可调换 *****

前　言

本书是基于高职院校和本科院校物联网课程体系建设的实践性教材。本书立足于实施科教兴国战略，加强现代化建设人才支撑，以立德树人为目标，以物联网应用技术的核心岗位要求为指导，针对射频识别技术与应用课程的教学要求，结合最新的应用案例编写的。

本书在传统教材理论+实践的基础上，采用"虚实结合、项目场景化、技能契合"的编写模式。在教材内容的选择上，注重将物联网的整体技术架构与 RFID 技术联系起来，兼顾理论和实践两个方面，充分结合当前技术发展的新趋势和新特点，全面介绍了 RFID 技术的相关理论知识，专注于应用场景、应用案例和实际项目。本书内容汇集了作者多年来讲授虚实结合、项目场景化、技能契合课程的经验和实验项目资源，并紧跟当前技术趋势。

随着网络技术和智能传感器技术的发展，物联网和智能设备已成为当前的应用热点，特别是在智能家居、智能交通、智能城市等领域。物联网系统通过定位、图像、音频、光学、射频识别、生物识别等大量传感器实现物物互联和远程控制，因此传感器技术是物联网的主要技术。由于连接到物联网的终端不同，所采用的传感器技术也不尽相同。其中，射频识别(Radio Frequency Identification，RFID)技术是传感器技术中的关键技术。"射频识别技术与应用"是目前高职院校物联网、无线传感网等相关专业的核心课程之一，是了解和学习物联网技术的重点课程。

全书共 10 个专题，其中前 6 个专题是理论+仿真内容，后 4 个专题是虚实结合的实操内容：

第 1 个专题是射频识别技术概论，包括物联网与信息识别技术、射频识别技术的发展和应用场景以及射频识别技术的相关标准等。

第 2 个专题介绍了 RFID 系统及原理，包括 RFID 系统概述、电子标签以及阅读器等。

第 3 个专题介绍了电磁波传播的参数、RFID 的耦合模式及电磁波传输的损耗特征等。

第 4 个专题介绍了感应耦合的前端电路，包括天线的电感、射频前端电路等。

第 5 个专题介绍了 RFID 系统的信号调制方式，包括信号传输的系统、信号调制和通信模型、RFID 系统的调制模式等。

第 6 个专题介绍了 RFID 的应用，包括在交通领域中的应用、在生活中的应用、在生产中的应用、在金融和信息安全领域的应用等。

第 7 个专题介绍了基于 Proteus 的射频门禁卡模拟仿真系统的实操项目，包括应用场景说明、项目实现和测试等。

第 8 个专题介绍了物联网行业仿真系统中的 RFID 应用系统的实操项目，包括应用场景和系统环境的配置、门禁系统的项目实现、停车自动收费系统的项目实现、图书馆自动借阅系统的项目实现等。

第 9 个专题介绍了基于 Arduino 的 RFID 打卡装置的实操项目，包括 Arduino 平台的说明和应用场景的说明，系统软硬件环境的构建，项目整体电路、代码和测试等。

第 10 个专题介绍了智能商超中的 RFID 应用系统的实操项目，包括应用场景和开发环境的安装配置、项目实现、项目测试等。

本书从提高学生能力出发，配套的多媒体课件等资源齐全，教学案例丰富，应用了先进的职业教育新理念，具有先进性、实用性和适用性，力求内容丰富、通俗易懂。在项目选择方面，本书力求实用、适用和面向场景，侧重于项目分析和编程实施，并提供了完整的项目实施过程。

本书注重专业技能与课程思政结合，通过介绍射频识别技术的发展情况和我国自主制定射频识别技术的标准，融入课程思政元素，增加学生的民族自豪感，并引导学生努力学习，以期为我国在物联网领域做出贡献，帮助学生树立科技报国的家国情怀。在内容上融合知识讲解、技能训练和素养提升，注重把社会主义核心价值观、科学精神、工匠精神植入教材实践内容中。本书将课程思政内容放在二维码里，以便经常更新课程思政内容。

课程思政与素质教育

由于时间仓促，作者水平有限，本书的疏漏之处在所难免，欢迎读者批评指正，以便修改补充。

陈又圣

2020 年 7 月

目　　录

专题 1　射频识别技术概论

本章重点

◇　物联网的基本概念
◇　信息识别技术的内容和分类
◇　射频识别技术的应用
◇　射频识别技术的标准体系

专题 1 知识能力素质目标

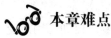

本章难点

◇　物联网和互联网的联系和区别
◇　条码技术和射频识别技术的优缺点
◇　不同射频识别技术标准的比较

专题 1 的授课视频

1.1　物联网与信息识别技术

1.1.1　物联网

物联网(Internet of Things, IoT)是近年来发展迅速的一种技术，它通过红外传感器、射频识别、全球定位系统、激光扫描仪等感知现实世界，利用通信技术实现物体之间的信息交换和自动控制，帮助对现实世界进行快速控制和便携式管理。物联网可分为三层，即传感层、网络层和应用层。不同层次涉及的关键技术不同，其中，传感层的关键技术是 RFID、GPS 等；网络层的关键技术是 WSN(Wireless Sensor Networks，无线传感器网络)、WiFi、5G、GPRS(General Packet Radio Service，通用分组无线服务技术)、NGB(Next Generaltion Broadcasting Network，中国下一代广播电视网)等；应用层的核心是云计算、专家系统等。

广义上的物联网的定义是指通过各种传感器技术、传感器接口和传感器模块，将不同空间内的物体连接起来，智能地实现对任何物体的识别、定位、管理和控制的网络系统。狭义上的物联网的定义是指通过射频识别、全球定位系统、红外传感器等信息传感设备，将商品与互联网按照标准协议连接起来，实现智能识别、定位、监控和管理的网络。互联网和物联网虽然只有一个字不同，但也有区别。互联网只是将两台或更多台不同空间的计算机连接起来，而物联网则可以把不同空间的两个或多个物理对象连接起来，可实现现实世界中任何对象的信息交互。从两者的关系来看，物联网的核心是互联网，它是以互联网为基础延伸和扩展的网络，将现有的互联网计算机网络延伸到物物互联的网络。万物互联是物联网的目标，为此，需要大量的传感器和通信技术来识别、定位、控制和连接计算机以及终端的设备。

物联网的概念最早由麻省理工学院的学者于 1991 年提出，后来在政府推动和产业合作的基础上迅速发展。2005 年国际电信联盟在信息社会世界首脑会议上发表的报告，使物联网的概念得到广泛传播，并激励许多国家和机构推动物联网技术的发展。目前美、日、韩等国已制订了多项物联网产业发展规划，中国政府也对物联网产业发展给予了优先支持。网络服务运营商也在大力推动物联网系统建设，以获取新的业务，满足人民群众的需求。

如果物联网大规模普及，现有各类电器、家装、制造设备等都需要更新换代。目前物联网在我们的生活中已经有了应用场景。例如我们将大量的传感器安装在家中，特定的应用程序安装在手机中，即使在工作的时候，我们也可以随时了解家里的情况和家庭成员的活动。通过网络和无线技术，我们可以向移动应用程序发送命令，远程开启风扇、空调、电视、热水器、台灯等；如果家中安装了报警装置，有人非法进入，智能传感器会自动检测并报警。

此外，除了在应用程序上使用手动按钮控制外，还可以进行语音控制。比如应用广泛的智能音箱，通过语音可以控制室内灯光和空调的开关，并可以设置在特定时间里播放商务提醒、天气状况、日常交通路线实时路况，通过语音呼叫来播放指定的音乐。这些都是物联网技术渗透到我们日常生活中的活生生的例子。另外，物联网技术也实现了商用，产生了巨大的商业价值，例如共享单车、智能电表、车联网、智能家居、水污染监测等。

从类别上看，物联网的主要应用场景包括智能交通与物流、智慧城市、智能产业、智能医疗、智能教育、智能生活等(见图 1-1)。

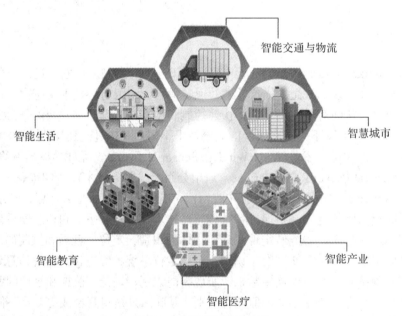

图 1-1　物联网的应用场景

智能交通与物流的应用是将传感器技术、通信技术、识别技术和大数据技术有效地集成到整个交通管理系统中，实现实时、准确、高效的交通疏导和管理。物流的应用也类似，可以快速、自动、批量地完成运输事务。智能物流使物流系统具有较强的感知、学习、推理和判断能力。

智慧城市的应用是通过物联网技术将城市建设、交通、商业、通信、人员等各个方面有机结合起来。智慧城市各子系统构成一个相互促进、相互影响的整体。在智慧城市中，云计算、人工智能、移动互联网等技术是关键技术。这些技术能够实现对城市中各种事务和功能进行实时、高效、智能的处理，是提高人们生活质量和城市竞争力的重要动力。

智能产业的应用是将物联网的相关技术集成到工业生产和农业生产的各个方面。对工业而言，它可以提高工业生产效率，提升产品质量，加快货物盘点速度，降低生产成本。对农业而言，它可以提高农业生产效率，跟踪农产品流向，防伪和保护农产品商标，有助于更有效地利用农业设施，减少人员投入，形成高效集约的农业经营模式。

智能医疗可以通过物联网自动识别、远程通信等技术，使医院更加智能化、医疗手段更加先进、医患关系更加和谐。智能医疗可以方便边远地区患者的在线诊疗，促进远程手术的发展和实施；可以准确标记新生儿信息，防止错误事情的发生；可以存储患者信息，使医生能够快速、方便地获取病人的病历信息；可以对医疗用品进行标识，方便快捷地取药和检查。物联网相关技术有助于实现患者与医务人员、医疗机构、医疗设备的高效互动，进一步提高医疗服务质量。

智能教育可以通过物联网的相关技术，整合现有的教育平台，改进教育模式，建设智慧校园和合理利用教育资源。智能教育可应用于在线教育、信息化教学、校园卡支付、图书馆管理、教师上课管理、学生出勤管理、幼儿园儿童和家长身份识别等，有助于提高教育水平，促进教育智能化发展和建设智慧校园。

智能生活可以通过各种声、电、光智能传感器、无线通信技术、人工智能技术等先进技术来提高家庭的智能化程度。智能生活是通过在室内外安装各种传感器，以及对传统的家居家电进行智能化改造，提高居住舒适度来实现的。

1.1.2　物品标识与信息识别技术

在物联网应用系统中，如果每个物品都有一个标识，即身份信息，那么这些信息就可用于物品的管理、标识和定位。物联网识别系统可以通过前端的传感器来自动采集物品的信息，然后通过网络传输到计算机进行综合处理，从而实现物品信息的自动存储和识别，实现货物跟踪和信息自动采集，实现物体之间的互联互通。在物联网应用中，一维码技术、二维码技术、接触式 IC 卡技术、RFID 技术、语音识别技术、图像识别技术和生物识别技术都是常见的信息识别技术，下文重点介绍前四个常见的信息识别技术。通过信息识别技术对物品进行识别，进一步应用到物联网系统中。

1. 常见的信息识别技术

1) 一维码技术

一维码技术属于条码技术中的一种，最早被美国的邮政系统采用，实现邮政文件的自动分拣。邮局工作人员用条形码在信封上做标记，并在条形码中存储收件人的区号等地址信息。为了存储更多的信息，可以对不同的区域进行编码，对信封条码的存储方式进行改进。后期更是进一步发展了通用商品代码，开发了更多种类的条形码。一维码可以用来识别物品，并以条形码的形式表示。条形码粘贴在需要标识的物品上，识别物品则需要使用条码阅读器，通过光学扫描的方式来识别。图 1-2 是日常商品中使用的一维码。

图 1-2　商品的一维码

在一维码识别技术中，扫描仪发出可见光或红外光照射一维码，一维码上的条码标记因深浅不同而对光线有不同的光吸收和反射。不同强度的反射光返回扫描仪并转换成电脉冲信号，然后利用解码模块对电脉冲信号进行解码，得到一维码标签信息。

一维码所代表的信息是由一系列规则排列的条和空组成的。这些条和空按照一定的规则表示相应的数字、字母和其他字符。条是指光反射率低的部分，空是指光反射率高的部分。由这些条和空组成的数据可以表示一定的信息。条码阅读器可以读取这些信息，并进一步转换成二进制信息进行后续处理。

一维码的结构一般由左空白区、起始字符、数据字符、中间区、检查字符、停止字符、右空白区等组成。其中左空白区用于提示扫描仪准备起始位置，起始位置位于条码左侧的白色区域。起始字符是条形码中的第一个字符，用于指示条形码符号的开始。在特定的使用中，扫描器只能在经过字符后对扫描信号进行处理。数据字符用于表示条形码符号的值，即起始字符后的条和空。检查字符用于判断扫描的有效性，条形码识别的有效性通过操作结果与检验码的比较来判断。停止字符用于指示条形码信息的结束，位于右侧。右空白区是停止字符后最右边的未打印符号。条形码可以标识生产国、生产厂家、商品名称、生产日期等诸多信息，因此在商品流通、物流、运输等诸多领域得到了广泛的应用。

2) 二维码技术

二维码是一种特殊的几何图形，按照一定的规则分布在平面上，以记录数据符号信息。最早的二维码是 code49 条码，后来发展成 code16K 条码，而现在二维码有更丰富的图案和数据表达方式。二维码使用与二进制相对应的若干几何形状来表示文本的数字信息，如图 1-3 所示是一些典型的二维码。

图 1-3　二维码

从二维码的结构来看，其一般包括寻像图、定位图、校正图、分隔符、编码区、格式信息、空白区、版本信息等。其中，寻像图分别位于左上角、左下角和右上角，用于检测图形。一般来说，它是由同心正方形组成的。通过识别寻像图的三个位置，可以快速确定二维码符号的位置和方向。定位图由水平定位图形和垂直定位图形组成，定位图形由深色和浅色模块交替组成。校正图由同心正方形组成，同心正方形由深色模块、浅色模块和中间的深色模块组成，校正图的数量由符号的版本号决定。分隔符由浅色模块组成，位于检测图案和编码区之间的每个位置。编码区包括数据字符、纠错字符、格式信息等。其中，格式信息一共有 15 位，包括 5 个数据位和 10 个修正位。空白区是指符号周围的区域。最后一个数据是版本信息，版本信息一共有 18 位，包括 6 个数据位和 12 个通过编码计算得到的纠错位。

二维码可以在横轴和纵轴的二维空间中存储信息，存储信息的能力远远大于一维码，它可以在很小的区域内表达大量的信息。目前，二维码技术已经广泛应用于生活的方方面面，比如我们在日常生活中使用二维码进行扫描支付。

3) 接触式 IC 卡技术

接触式 IC 卡是一种集成电路卡，是一种把电子芯片嵌入卡座中制成的卡片型的芯片卡。接触式 IC 卡与 IC 读卡器之间的通信是接触式的。如果接触式 IC 卡的内部电路没有微处理器，则该卡只有存储功能，例如酒店里的房卡。如果接触式 IC 卡的内部电路有微处理器，则该卡具有数据读写和系统操作的功能，例如常见的一些银行卡。使用接触式 IC 卡时，需要将 IC 卡插入读卡器，通过卡面上的 8 个金属触点直接接触，实现信号传输和数据通信。

4) RFID 技术

RFID 技术是一种利用射频信号实现非接触式自动识别的无线射频技术。常见的非接触式 IC 卡、ID 卡、感应卡、RFID 卡、RFID 电子标签等都采用了 RFID 技术，其数据通信无需物理接触。RFID 技术本质上是一种自动识别技术。在自动识别技术出现之前，传统的信息输入都是由人工采集和记录的，耗时费力，数据容易丢失。当具有 RFID 电子标签的物体或者 RFID 卡接近阅读器并且在有效范围内时，电子标签被阅读器激活，并且电子标签中携带的信息通过射频信号传送给阅读器。阅读器接收信息后，可通过射频信号自动识别目标物体并获取相关数据，也可对 RFID 卡进行信息的自动采集和电子标签内的信息写入。

2. 常见信息识别技术的比较

一维码技术的优点是成本低、效率高、可靠性强、易于生产、使用灵活；缺点是容量有限、数据量少。二维码技术的优点是数据容量较一维码技术大；缺点是被测对象的条码位置必须是可见的，且只能识别一种项目。接触式 IC 技术的优点是存储容量大、使用寿命长、数据处理能力强；缺点是使用时必须和阅读器接触，应用场景受限。RFID 技术的优点是数据量大，可对多个标签进行同时识别，可非接触识别；缺点是成本较高。

不同信息识别技术之间在应用中存在竞争，用户需要根据具体的应用场景来选择。例如，二维码以标识或标签的形式放置在外包装上，而 RFID 电子标签既可以植入物品内部，也可以粘贴在外包装上，两者同样具有数据存储量大、成本低、信息安全、耐久性强等特点，并能实现产品来源的可追溯性、信息可视化和信息收集高效性等。因此，二维码技术与 RFID 技术在应用上有一定的重叠。而 RFID 技术比二维码技术在批量识别和信息数据可以修改方面具有优势。在实际应用中，一方面可以将二维码技术和 RFID 技术相结合，两者的结合是未来应用的趋势。在实际应用中，可以将货物的单品和批量产品分开处理，用二维码对货物的单品进行精确管理，通过 RFID 电子标签实现货物的批量处理；还可以通过二维码实现对单个货物和整套货物的管理，再通过 RFID 电子标签实现对货物的动态跟踪。另一方面，二维码技术与射频识别技术相辅相成，RFID 电子标签因电磁干扰或金属屏蔽而无法识别时，可通过二维码完成信息自动识别和信息采集。

1.2　射频识别技术的发展和应用场景

1.2.1　射频识别技术的发展

物联网相关产业链包括终端设备、通信网络、物联网服务平台、物联网系统集成商、物联网应用提供商等。在终端设备中，传感器技术是实现自动信息采集、智能分析和快速响应的关键。物联网系统通过定位、图像、音频、光学、射频识别、生物识别等大量传感器实现物物互联和远程控制，因此传感器技术是物联网的主要技术。由于连接到物联网的终端不同，所采用的传感器技术也不尽相同。其中，RFID 技术是传感器技术中的关键技术。RFID 是一种无线通信技术，它可以通过无线非接触的方式识别和获取电子标签的数据，并可以在没有机械接触或光信号的情况下读写目标信息。当植入电子标签的目标物体进入特定区域时，电子标签从阅读器获取射频信号，通过天线感应获得能量，并进一步将电子标签芯片中存储的信息传送到外部。阅读器获得信号后，对信息进行读取和解码，并将其发送到中央信息处理系统进行数据处理并发出进一步的指令。

　　RFID 技术起源于军事领域，主要用于雷达，后来用于军事后勤，并得到了美国国防部的重视。20 世纪 80 年代，RFID 技术被应用于车辆识别和电子收费系统。20 世纪 90 年代，RFID 技术得到了改进，利用射频信号的电磁耦合实现信息的非接触传输，并通过获取射频信息来实现目标识别。2000 年以来，RFID 技术的标准化水平逐步提高，相关产品得到广泛应用，例如一些超市的商品推出了 RFID 标签，大型企业的物流部门也开始将 RFID 应用于集装箱多式联运跟踪和库存跟踪。在高速公路收费站，车主无需排队现金缴费。当车辆通过卡口时，自动识别装置感应到车牌，并在短时间内完成计费和记账，节省了车主核实收费和工作人员找零钱的时间。制造型企业和商业企业的货物出货时，安装在闸口处的阅读器可以直接读取货物外包装的电子标签，快速了解货物的数量和信息。当货物通过物流运输到门店和销售中心时，接货处的 RFID 阅读器会自动扫描车上的货物，快速完成货物的到货验收，自动完成货物库存，并实时将信息上传到系统中，快速更新库存数据。

1.2.2　射频识别技术的应用情况

　　RFID 在生产、农业、交通、消防等方面的应用如图 1-4 所示。

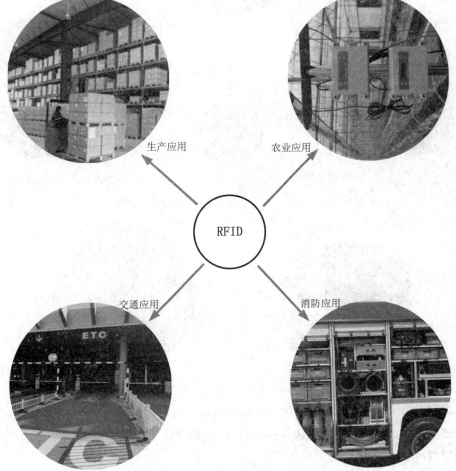

图 1-4　RFID 在生产、农业、交通、消防的应用场景

在图 1-4 中，RFID 对生产过程中生产物料和货物进行标识，有助于在生产线上自动检测，自动存储生产过程中的信息，提高生产效率。RFID 技术可以与物联网的其他技术相结合，可以检测植物的环境参数，有利于精细种植，特别适合高附加值农产品。RFID 在交通领域的典型应用是 ETC，实现车辆的非接触式快速支付和通行，减少拥堵。RFID 可以在消防领域对消防设备进行标识，存储每台消防设备的生产日期、保修期、使用次数、使用时间和检验次数，有助于及时更新过期或需要更新的消防设备，提高设备的安全性能。

RFID 技术可用于农牧养殖，如图 1-5 所示。

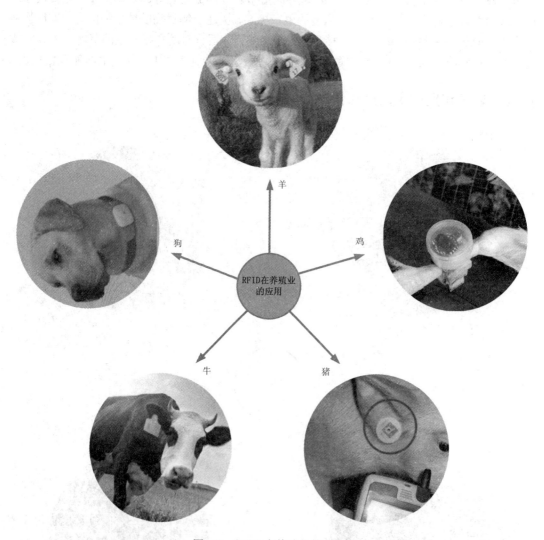

图 1-5　RFID 在养殖业的应用

在图 1-5 中，将 RFID 技术应用于农牧养殖业，可以实现对养殖动物生产、流通、消费的全过程跟踪，及时召回或销毁带病动物或动物产品，对特定产区高附加值农产品进行防伪鉴定等。

在商业上，RFID 可以用于商品的快速结算、商品的快速库存、商品的防伪、商品信息的标注等，如图 1-6 所示。

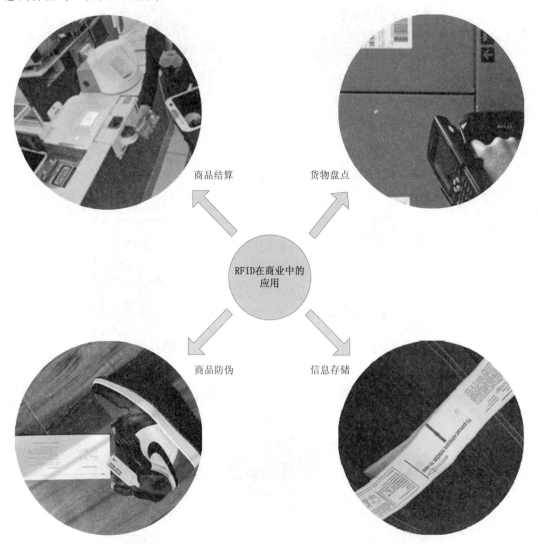

图 1-6　RFID 在商业中的应用

在图 1-6 中，RFID 技术在商品结算中不需要逐个扫描代码，就可以一次获取商品信息，加快支付速度，防止商品漏付。RFID 技术可以快速地对货物进行清点，特别是对于相互堆叠的货物。由于 RFID 并不是基于可见光来获取信号，因此货物之间的屏蔽不影响读取货物的信息。RFID 在防伪领域也有应用，例如烟草、葡萄酒、化妆品、昂贵的运动服等，可以植入电子标签来标记特定商品。在 RFID 系统中，电子标签的信息可以通过无线的射频信号与阅读器进行交换，商品的识别不需要人工干预，从而起到防伪的作用。RFID 还可以用于商品信息的存储，例如可以将电子标签嵌入商店服装的标签中，用以保存顾客试穿衣服的次数等信息，还可以进一步分析，获得消费者的喜好和习惯，有助于促进销售。

RFID 在日常生活中的应用也越来越广泛，如门禁、通道门、门票、会员卡等，如图 1-7 所示。

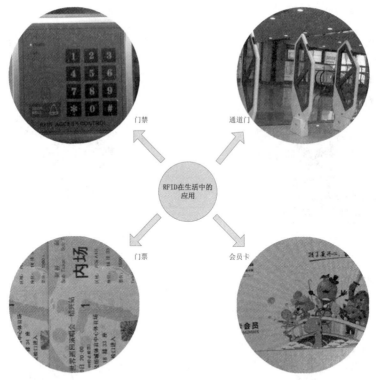

图 1-7　RFID 在生活中的应用

RFID 还广泛应用于智能穿戴设备(如智能手环)如图 1-8 所示。

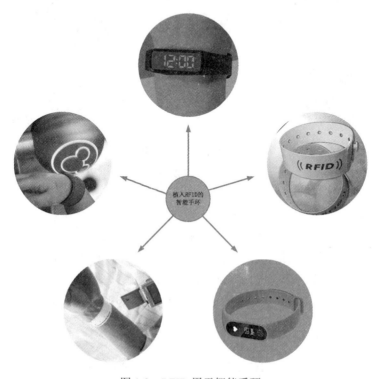

图 1-8　RFID 用于智能手环

以上描述了 RFID 在民用领域的应用场景，在军事领域 RFID 的作用也是巨大的，也可实现军事物流的智能化、高效化。在 2003 年的伊拉克战争中，美军利用 RFID 电子标签技术对进入战区的物资进行识别，从而获得军用物资的使用动态和流向，更加有效地供应物资对于我国来说，RFID 技术可以提高军用物资使用和接收的准确性。在我国，军队使用的武器装备数量巨大，如果在军用武器等物资包装中嵌入 RFID 标签，将可以方便地为物流系统提供军用武器等物资的相关数据。通过对数据采集位置的智能感知，可实现军用武器等物资的可追溯性和可控性，将会解决军用武器等物资的实时管理问题，使有关部门能够了解其位置和状态，实时补充短缺军用武器等物资，并能根据物资的动态流动情况进行快速配置。这有利于优化军用武器装备，提高指挥系统的管理能力和快速反应能力。

RFID 标签存储物品的信息，通过有线或无线方式自动采集到中央信息系统，实现物品的识别，然后通过计算机网络实现信息的交换和共享。RFID 技术具有识别效果好、识别速度快、识别距离远、容量大、可重用、读写支持快、无视觉识别、多目标识别、保密、防伪、安全等优点。RFID 技术的独特优势使其广泛应用于仓储物流、制造业、运输业、信息安全等行业，可以大大提高工作效率，降低运营成本。随着物联网产业的蓬勃发展，RFID 技术以其安全性和便捷性成为物联网时代的热门技术。近年来，防伪、安全、智能生产、智能家居、智能交通、智能农业等领域是 RFID 应用的热点领域，其发展趋势是与物联网、人工智能技术、大数据技术等的深度融合。

1.3 射频识别技术的相关标准

1.3.1 国外射频识别技术的标准

标准是以科学研究和工程技术为基础，经有关国家或机构协商，由特定机构和部门批准发布，作为有关国家或机构实施的标准和依据。标准需要满足和促进各方的共同利益。基于科学技术和实践成果，标准可以进一步促进技术的发展。

目前还没有统一的 RFID 标准体系，多个组织发布的 RFID 标准并存，然而不同标准体系下的 RFID 产品并不兼容。不同标准体系之间的竞争非常激烈，不同的 RFID 标准分别有相应的国家和制造商支持。多种标准体系的共存也促进了技术和产业的快速发展。目前 RFID 标准体系主要有三种：ISO/IEC、EPC 和 UID。

ISO/IEC 标准主要由国际标准化组织(ISO)和国际电工委员会(IEC)下属的技术委员会制定。

ISO/IEC 技术标准主要包括：ISO/IEC 18000-1 标准、ISO/IEC 18000-2 标准、ISO/IEC 18000-3 标准、ISO/IEC 18000-4 标准、ISO/IEC 18000-5 标准、ISO/IEC 18000-6 标准、ISO/IEC 18000-7 标准、ISO/IEC 14443 标准、ISO/IEC 15693 标准、ISO/IEC 10536 标准等。

此外还有 ISO/IEC 数据结构标准、ISO/IEC 性能标准和 ISO/IEC 应用标准。数据结构标准主要规定了主机、阅读器和电子标签中的数据表示形式。性能标准主要规定了设备性能试验方法和一致性试验方法。应用标准是根据各行业特点而制定的适用标准，以满足具体应用领域的需要。例如实时定位系统的标准是具体领域的应用标准，包括 ISO/IEC

24730-1 标准、ISO/IEC 24730-2 标准等。

　　另一个重要的国外标准体系是 EPC，它是由美国统一编码委员会和国际物品编码协会联合发起的。EPC 标准符合物联网的要求，具有可扩展性，适用于开放系统。该标准的目标是在让全世界使用它，它倡导所有的接口都应该按照开放标准来设计和实现。

　　在 EPC 标准中，每个用户都有自己特定的阅读器、应用终端和网络。为了保证不同制造商和用户的设备之间的兼容性，有必要考虑不同主机与阅读器、阅读器和电子标签之间的交互作用。为此，EPCglobal 负责 EPC 系统编号的登记和管理，而 EPC 编码规则具有唯一性、永久性和可扩展性等特征。其中，唯一性是指有足够的编码能力；持久性是指产品代码一旦分配完毕，就不会发生变化；可扩展性是指 EPC 代码预留了多余的空间，可以根据需要进一步扩展。

　　UID 标准是另一个重要的标准体系，主要用于日本及相关企业。UID 标准的目标是给对象一个全球唯一的标识符，从而实现货物全球范围内的跟踪和信息共享。目前，索尼、日立、微软、三星等公司也参与了 UID 标准体系的使用。UID 标准体系采用 Ucode 编码，该编码使用 128 位码来记录信息，并且可以进一步扩展到多个位来表示对象。Ucode 解析服务器根据 Ucode 标识码搜索通用标识信息服务系统的地址，确定 Ucode 标识码相关信息存储在哪个信息系统服务器上。

1.3.2　我国射频识别技术的标准

　　随着物联网技术在新一轮技术创新中的兴起，RFID 技术作为物联网感知层的关键技术受到了关注。目前，世界上三大主要的 RFID 技术标准体系垄断了市场，控制了 RFID 的相关产业。在物联网领域，RFID 标准包含了大量的专利。国内大多数企业的 RFID 技术主要参考国际主流的 RFID 标准体系。然而，国际上有很多技术标准加入了大量的已申请了专利的技术，这就涉及到专利费用高的问题。另一方面，国外 RFID 技术标准也形成了技术壁垒，不利于 RFID 技术在我国的自主发展。

　　为了突破技术壁垒，防止产业被外国控制，我国也开始自主制定 RFID 技术标准。《中国射频识别技术政策白皮书》描述了我国 RFID 系统架构模型和 RFID 标准体系模型，为国家宏观决策提供技术依据，为 RFID 技术标准提供指导。我国 RFID 的关键技术包括数据采集标准、编码标准、公共服务系统标准、中间件标准、信息安全标准等，这些标准是按照系统性、衔接性、自主性和兼容性的原则制定的。例如《动物识别码结构标准》《铁路机车车辆自动识别标准》《射频读写器通用技术标准》等都是需要根据我国国情制定的技术标准。

　　近年来，我国还加紧在特定领域引入国家 RFID 技术标准。例如在 2020 年 4 月 20 日，由我国主导制定和发布的四项适用于轮胎的 RFID 电子标签国际标准分别是：轮胎用射频识别标签标准(ISO 20909)、轮胎用射频识别标签编码(ISO 20910)、轮胎用射频识别标签-轮胎使用分类(ISO 20911)和 RFID 轮胎的一致性测试方法(ISO 20912)。可以看出，我国自主制定和参与 RFID 相关技术标准的力度正在不断加大。

习　题

一、填空题

1. 物联网的英文缩写是_____。

2. 物联网可以看作是_____的延伸，它将两台或更多台计算机连接在不同的空间，而物联网则可以连接不同空间的两个或多个对象。

3. 物联网的概念最早由麻省理工学院的学者于_____年提出，后来在政府推动和产业合作的基础上迅速发展。

4. 2005 年，_____在信息社会世界首脑会议上发表的报告，使物联网的概念得到广泛传播，并激励许多国家和机构推动物联网技术的发展。

5. _____是一种源于雷达技术的自动识别技术，利用射频信号实现非接触式自动识别。

6. 条码分为_____和_____。

7. 一维条码所代表的信息是由一系列规则排列的_____和_____组成的。

8. 在一维条码中，_____是指光反射率低的部分，_____是指光反射率高的部分。

9. _____是一种特殊的几何图形，按照一定的规则分布在平面上，以记录数据符号信息。

10. _____是一种集成电路卡，又称智能卡、智慧卡、灵巧卡、芯片卡。

二、简述题

1. 谈谈你对物联网的理解，并说明物联网和互联网之间的区别和联系。

2. 阐述物联网应用与家居生活中的部分场景。

3. 一个完整的一维条码一般由左空白区、起始字符、数据字符、中间区、检查字符、停止字符、右空白区等组成，请说明起始字符的含义和作用。

4. 比较二维码技术和 RFID 技术的优缺点。

5. 二维码技术和 RFID 技术在应用上是否可以结合？谈谈你的分析。

6. 谈谈 RFID 的日常应用，举例说明。

7. 简要说明国外主流的三种射频识别技术的标准。

专题 2　RFID **系统及原理**

本章重点

◇　RFID 系统的构成
◇　RFID 系统的分类
◇　电子标签的类型
◇　阅读器的类型

本章难点

◇　RFID 系统的原理
◇　RFID 系统的信号传输
◇　超高频电子标签的特征
◇　阅读器的功能模块

专题 2 知识能力素质目标

专题 2 的授课视频

2.1　RFID 系统概述

2.1.1　RFID **系统的构成**

RFID 系统的基本组成部分是电子标签、阅读器和计算机系统，其结构如图 2-1 所示。

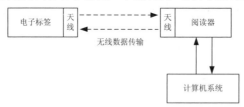

图 2-1　RFID 系统的基本组成部分

在图 2-1 中，电子标签是 RFID 系统的数据载体，由耦合元件(即天线)和芯片组成，嵌入到对象里以标识目标对象并存储相关信息。其中，天线具有接收和发送无线信号的功能，芯片具有存储和处理信息的功能。每个电子标签对应一个唯一的电子代码，该电子代码存储着物品的相应信息，是识别物品的钥匙。阅读器是一种读写电子标签并与计算机系统连接的设备，可以读取或更新电子标签内部信息。计算机系统又称中央信息处理系统，它由基本硬件和计算机网络组成。计算机系统数据处理和数据通信的中心，可以对射频信号进行处理以及进行指令发送、数据处理等操作。例如该计算机系统可以运行在多个阅读器和多个电子标签上，可以实现对多个数据的实时信号处理。射频识别系统的工作原理是：阅读器通过天线发送特定频率的射频信号，当电子标签进入有效工作区时，产生感应电流获取能量，电子标签被激活并通过内置射频天线发送自己的编码信息。阅读器的接收天线获取电子标签发送的调制信号，通过天线调节器发送给阅读器信号处理模块，解码后将有效信息发送到后台计算机系统进行相关处理。计算机系统根据逻辑运算识别电子标签的身份，并据此进行相应的处理和控制，最后从计算机系统发送命令信号控制阅读器完成相应的读写操作。

　　在特定的应用场景下，需要在 RFID 系统的 PC 端开发并安装相应的应用软件系统，用于产品管理和数据管理。PC 端的数据流如图 2-2 所示。

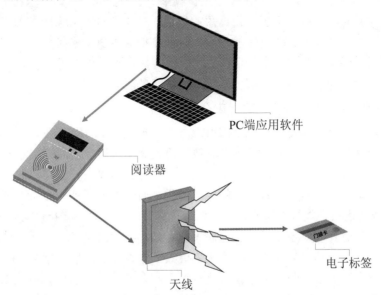

　　　　　　　　　　　　　　　　　　PC端应用软件

　　　　　　　　　　　阅读器

　　　　　　　　　　　　　　　　　　　　　电子标签

　　　　　　　　　天线

图 2-2　RFID 系统 PC 端的数据流

　　在特定的应用中，PC 应用软件可以操作并发送相应的指令。阅读器接收到信号后，通过天线发送给电子标签，读取电子标签的信息或写入电子标签。

2.1.2　RFID 系统的类型

　　根据不同的标准，RFID 系统可以分为以下几种不同的类型。

1. 按照电子标签是否有供电来分类

　　根据电子标签的供电方式，RFID 系统可分为无源 RFID 系统、有源 RFID 系统和半主动 RFID 系统。相应的电子标签分为无源电子标签、有源电子标签和半主动电子标签。在无源 RFID 系统中，电子标签中没有电池提供电源，它的能量是通过从阅读器获得射频信号能量来获得的。电子标签内部的电路把获取的射频信号的能量转换成能给电子标签内部电路供电的直流电。无源电子标签具有环境要求低、使用寿命长、能满足不同无线电规则等优点，但缺点是距离短。另外，由于无源电子标签的能量来自阅读器，阅读器需要传输大功率，因此无源电子标签不适合快速移动的物体。有源 RFID 系统是指电子标签内装有电池的系统，可以为电子标签内部电路供电。采用有源电源的电子标签由于有电池供电和充足的电源，具有可靠性高、信号传输距离长、阅读器传输功率低等优点。有源电子标签的缺点是成本高、体积大、应用场景有限。半主动式电子标签以电池为电源，但电池仅用于维持芯片工作电压和数据，电池功耗很小。这种电子标签的能量主要来自阅读器，具有使用寿命长的优点。

2. 按照频率来分类

根据工作频率的不同，RFID 系统可分为低频 RFID 系统、高频 RFID 系统和微波 RFID 系统。低频 RFID 系统的工作频率在 30 kHz～300 kHz 之间，典型的工作频率为 125 kHz。高频 RFID 系统的工作频率在 3 MHz～30 MHz 之间，典型工作频率为 13.56 MHz。微波 RFID 系统的工作频率大于 30 MHz，典型工作频率为 5.8 GHz。目前，低频 RFID 系统技术相对成熟，主要应用于数据量少、距离短的场合。高频 RFID 系统技术也比较成熟，应用广泛，主要用于数据量大、距离短的场合。目前，低频 RFID 系统和高频 RFID 系统技术都有相应的国际标准。微波 RFID 系统是物联网的热点和关键技术之一，它可用于多个电子标签同时识别的场景，适用于数据量大、距离远的场合。

3. 按照阅读器读取电子标签的方式来分类

根据阅读器读取电子标签的方式，RFID 系统可分为主动式 RFID 系统和被动式 RFID 系统。主动式 RFID 系统是指电子标签主动地向阅读器发送信息，阅读器只需要从电子标签接收信息，而不需要将信息发送到电子标签。由于电子标签在传输信息时是主动的，因此电子标签的能量只能由电子标签本身的电池提供，而信息可以使用自身的能量发出。主动式 RFID 系统的优点是能量来源有保障，信号稳定，信号传输距离长；缺点是安全性差，使用寿命短，容易对其他电磁设备产生电磁干扰。被动式 RFID 系统包括被动倍频式和被动反射调制式两种。被动倍频式 RFID 系统是指电子标签发送的信号频率是阅读器发送信号频率的两倍，阅读器占据两个频率位置进行读取和发送。被动反射调制式 RFID 系统是指电子标签发送的信号频率与阅读器发送的信号频率相同，阅读器读取和发送数据仅占用一个频率位置。

4. 按照电子标签的数据存储方式来分类

根据电子标签的数据存储方式，电子标签可分为只读电子标签、一次性写入电子标签和可重写电子标签。只读电子标签内只有只读存储器，电子标签的信息不能更改。一次性写入电子标签的内部有 ROM 和 RAM，电子标签的信息可以在制造过程中由厂家写入，也可以由用户写入，但只能写入一次。可重写电子标签将需要保存的信息放入内部存储区域，信息可以重写而灵活应用。

5. 按照阅读器与电子标签的耦合方式来分类

根据阅读器与电子标签的耦合方式，RFID 系统可分为感应耦合 RFID 系统和电磁反向散射 RFID 系统。在感应耦合 RFID 系统中，阅读器和电子标签之间的关系类似于变压器，利用交变磁场实现阅读器与电子标签之间的能量传递，阅读器与电子标签的距离很近。在电磁反向散射 RFID 系统中，阅读器与电子标签之间的关系类似于雷达。阅读器发送的电磁波信号传送到电子标签后，电子标签会反射部分信号，反射信号将电子标签的信息传回阅读器。在电磁反向散射 RFID 系统中，阅读器和电子标签之间的距离更大。感应耦合 RFID

系统的能量传输基于法拉第电磁感应定律,而电磁后向散射 RFID 系统的能量传输则基于电磁波的空间辐射原理。

6. 其他的分类方式

根据 RFID 系统的基本工作模式,可分为全双工 RFID 系统、半双工 RFID 系统和时序 RFID 系统。根据射频识别系统的数据量,可分为一位 RFID 系统和多位 RFID 系统。根据作用距离的不同,可分为紧密耦合 RFID 系统、非紧密耦合 RFID 系统和远程 RFID 系统。

2.2 电 子 标 签

2.2.1 电子标签的构成

电子标签又称智能标签,是由集成电路芯片和天线组成的微型标签,其内置射频天线用于与阅读器通信。电子标签是 RFID 系统中的数据载体。当阅读器发送信号时,电子标签接收到来自阅读器的信号后,将部分信号能量整流为电子标签中电路工作的直流电源。能量信号的一部分由存储在电子标签中的数据信息调制,并反射回阅读器以进行数据识别和进一步的信号处理。电子标签电路一般包括天线、存储单元、逻辑控制单元、调制器、解调器和电压调节器。其中,天线用于接收来自阅读器的信号,并将存储在电子标签中的数据发送回阅读器。存储单元用于系统操作和识别数据的存储,一般包括 ROM 和 ERPROM。逻辑控制单元用于对阅读器发送的信号进行解码,并根据要求将数据返回给阅读器。调制器用于将逻辑控制电路发送的数据加载到天线中,经调制电路调制后返回给阅读器。解调器是调制器中对信号进行逆处理的模块,用来去除载波,取出调制信号。电压调节器将阅读器发送的射频信号转换为直流电源,通过稳压电路及相关电路为标签提供能量,作为工作电源。

常见的 RFID 电子标签如图 2-3 所示。

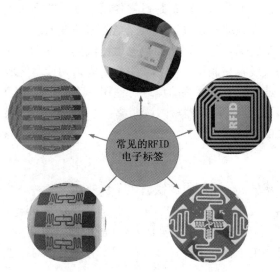

图 2-3 常见的 RFID 电子标签

电子标签可以根据应用场景设计成不同的形状，如卡片型、按钮型、指环型、药丸型等，其中卡片型是电子标签最常见的形式，第二代身份证、公交卡、门禁卡和部分银行卡属于卡片型电子标签。

为了满足不同的应用，电子标签还可以添加其他功能，植入到不同的物体中。例如可以把黏合剂附在电子标签上，使得它具有黏合功能，方便用户将电子标签固定在物体上。如果电子标签安装在汽车上，可用于高速公路上的车辆收费系统，它可以自动读取车辆信息并扣除费用，从而加快车辆通行速度。对于特定的应用，电子标签可以制成钥匙、皮带、手表和其他类型，这有助于在特定的场景中使用。近年来，植入式体内电子标签的发展非常迅速，该电子标签可以植入动物体内来记录信息，比如植入皮肤进行宠物管理的电子标签。

2.2.2　电子标签的分类

电子标签根据使用的信号频率可分为三类：低频、高频和微波。不同类型的电子标签有不同的应用场景，具体区别如下。

1. 低频电子标签

低频电子标签的频率较低，阅读器和电子标签通过感应耦合传输数据。低频电子标签一般采用无源供电方式，即能量来自阅读器，因此距离较近。常见的低频电子标签包括门禁卡、动物脚环等。低频电子标签的优点是：不需经特别许可即可自由使用频率；穿透力强，除金属材料外，低频信号可穿透大多数材料而不影响读取距离；CMOS(Complementary Metal Oxide Semiconductor，互补金属氧化物半导体)技术低功耗、低成本；包装形式多样。低频电子标签的缺点是：数据存储量少，数据传输速率低，仅适用于短距离、低速场合，另外低频电子标签所用天线价格昂贵。

2. 高频电子标签

高频电子标签的频率高于低频电子标签的频率。高频电子标签的天线可以通过蚀刻而不是缠绕来制造。身份证、消费卡、车票是日常使用中常见的高频电子标签，这些主要是无源电子标签。高频电子标签通常通过开关负载电阻来改变天线上的电压，实现天线上的电压调幅。高频电子标签的优点是：存储的数据量比低频标签大，传输速率比低频电子标签快；高频电子标签的天线容易制作；可以产生相对均匀的读写区域；可以同时读取多个电子标签；13.56 MHz 是高频电子标签的免许可使用频率。高频电子标签的缺点是：所使用的频率可以穿透大多数材料，但会缩短阅读距离；使用距离非常短；除了 13.56 MHz 外，其他频段的使用受到限制。

3. 微波电子标签

微波电子标签的频率较高，包括有源微波电子标签和无源被动式微波电子标签。微波标签使用时位于阅读器天线的远场区，读写距离很长。微波电子标签的优点是：读写距离远，可用于远距离场合；传输速率高；可读取运动物体的数据；可同时读取多个电子标签。微波电子标签的缺点是：电子标签的穿透能力较弱，普通材料对微波信号的传输有影响，会缩短读取距离。

电子标签的技术参数包括：激活标签所需的能量、读写信息的速度、信息容量、封装尺寸、读写距离、可靠性、工作频率、价格等。标签芯片是电子标签的核心部分，其功能包括电子标签信息存储、电子标签接收信号处理和发送信号处理。天线是发射和接收电子标签的无线电信号的装置。电子标签芯片电路的复杂性与标签功能有关，一般包括电源模块、解调模块、编解码器模块、控制模块和负载调制电路模块。其中，电源电路的功能是对天线接收到的交流电进行整流和稳压，最后输出直流电源为电子标签芯片和电路提供能量。时钟电路为电子标签提供时钟信号。标签天线获得载波信号后，可以进一步为编解码器、存储器和控制器提供时钟信号。

电子标签常见的封装形式有纸质电子标签、塑料电子标签和玻璃电子标签。纸质电子标签一般由表层、芯片电路层、黏合层和底层组成，一般具有自黏功能。塑料电子标签使用特殊技术和塑料基板将芯片和天线封装成不同的标签形式。玻璃电子标签的芯片和天线用特殊材料嵌入一定尺寸的玻璃容器中，然后包装成玻璃形式。随着科技的发展，电子标签具有体积小、成本低、距离远、无源读写、高速运动物体识别、多标签读写等优点。此外，电子标签在电磁场中的自我保护功能更加完善，智能化、加密特性更加完善，新的生产技术和附加的传感器功能也在逐步完善。

2.3 阅 读 器

2.3.1 阅读器的构成

阅读器又称读写器、读卡器和询问器，是一种读写电子标签以存储信息的设备。阅读器用于信息采集和与电子标签通信，接收来自计算机系统的控制指令。阅读器使用的频率决定了 RFID 系统的频带，阅读器的功率决定了 RFID 系统的有效距离。根据所使用的结构和功能，阅读器可以是只读的，也可以是可读写的。阅读器一般包括主机接口电路、控制单元电路、标签读取部分和天线。主接口电路一般由应用软件发送应用控制命令的计算机控制，主机接口电路通过控制单元电路发送数据，接收从标签读取的数据。数据是二进制数字信号，必须按照一定的数据传输协议进行处理，才能达到恢复数据的目的。

阅读器的技术参数包括工作频率、输出功率、阅读器形式、工作方式等。阅读器的主要功能模块如图 2-4 所示。

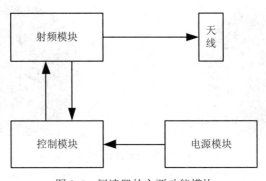

图 2-4 阅读器的主要功能模块

图 2-4 是阅读器各功能模块的示意图，其中射频模块具有信号发送和信号接收功能。射频模块通过天线向标签发送信号能量，标签接收部分信号能量，提取能量并转换成直流电，用于激活标签芯片并为电路提供能量。天线是阅读器的重要组成部分，发射信号的电磁场强度和方向性会影响电子标签的距离和信号的感应强度。

阅读器可以连接到计算机网络上，对数据信息进行存储、管理和控制。阅读器是一种数据采集设备，其基本功能是将前端电子标签中的信息作为数据交换链路传输到后端计算机网络。阅读器由射频模块、控制模块和天线组成。阅读器通过天线与电子标签进行通信，可视为专用收发器。同时，阅读器也是电子标签与计算机网络的连接通道。

2.3.2　常见的阅读器

常见的 RFID 阅读器如图 2-5 所示。

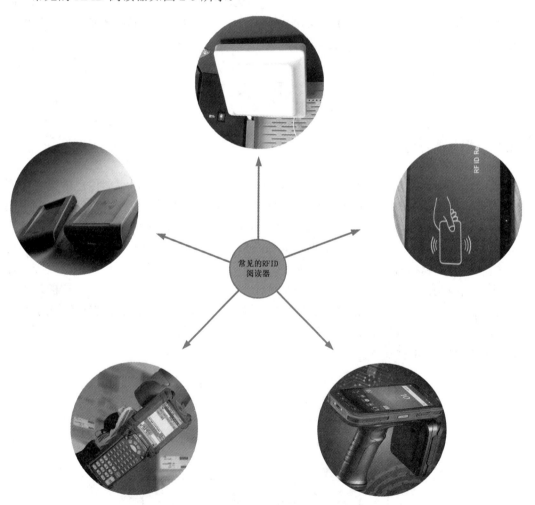

图 2-5　常见的 RFID 阅读器

阅读器可以制作成小型设备，比如餐厅里的支付设备，如图 2-6 所示。

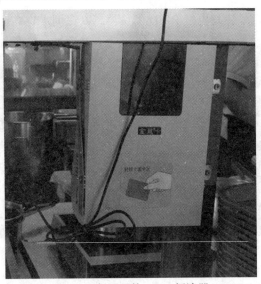

图 2-6   餐厅里的 RFID 阅读器

也可以做成一个更大的 RFID 阅读器，如图 2-7 和 2-8 所示是深圳信息职业技术学院的图书馆闸机和大门的出入装置。

图 2-7   深圳信息职业技术学院的图书馆闸机的 RFID 阅读器

图 2-8   深圳信息职业技术学院大门的出入装置的 RFID 阅读器

　　高速路口的 ETC 读写装置也是 RFID 阅读器，以深圳水官高速龙岗收费站为例，如图 2-9 所示。

图 2-9　高速路口的 ETC 读写装置的 RFID 阅读器

　　根据 RFID 阅读器的形状和用途，可分为固定阅读器、手持阅读器和工业阅读器。其中，固定阅读器的读写装置和上位机分离，固定阅读器的读写装置和天线可以安装在不同的位置。手持便携式阅读器是一种集天线、读写装置和上位机于一体的电子标签读写设备。手持阅读器适合用户便携使用，它通常有液晶屏和输入数据的键盘，可用于支付扫描、检查、动物识别和测试。工业阅读器是指在工业领域中使用的 RFID 读写装置。一般来说，它有一个现场总线接口，很容易与现有设备集成。

　　在电路和功能上，阅读器的硬件电路由上位机控制，与主机通信的方法有很多种。目前，RFID 系统的阅读器正朝着兼容性好、接口多样化、技术新、模块化、标准化方向发展。

习　　题

一、填空题

　　1. _____、_____和_____是 RFID 系统的三个基本组成部分。

　　2. _____是 RFID 系统的数据载体，由耦合元件和芯片组成，嵌入到对象里以标识目标对象并存储相关信息。

　　3. 电子标签由天线和_____组成。

　　4. 每个电子标签对应一个唯一的_____，该电子代码存储着物品的相应信息，是识别物品的钥匙。

　　5. 按照供电方式，电子标签分为无源电子标签、有源电子标签和_____。

　　6. 低频 RFID 系统的工作频率在_____kHz 之间，典型的工作频率为_____kHz。

　　7. 微波 RFID 系统的工作频率大于_____MHz，典型工作频率为_____GHz。

　　8. _____RFID 系统是指电子标签主动地向阅读器发送信息，阅读器只需要从电子标签接收信息，而不需要将信息发送到电子标签。

　　9. 根据电子标签中嵌入的芯片不同，电子标签可以分为_____电子标签、_____电子标签和_____电子标签。

　　10. 根据 RFID 系统的基本工作模式，可分为全双工 RFID 系统、_____RFID 系统和时序 RFID 系统。

二、简述题

1. 阐述射频识别系统的工作原理。

2. 根据下图谈谈射频识别系统中电子标签、阅读器和计算机系统之间的关系以及数据流向。

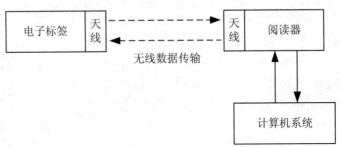

3. RFID 系统按照电子标签是否有供电可以分为哪几类？

4. RFID 系统按照频率的不同可以分为哪几类？

5. 简要介绍微波 RFID 系统的应用场合。

6. 主动式 RFID 系统和被动式 RFID 系统有什么区别？

7. 请说明被动反射调制式 RFID 系统的特点。

8. 根据电子标签的数据存储方式，电子标签可分为哪三类？

专题 3　电磁波传播的参数及 RFID 的耦合模式

本章重点

◇　RFID 使用的频段及范围
◇　RFID 电波传播的电参数
◇　电磁场的特性

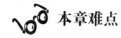

本章难点

◇　电感耦合系统和电磁反向散射系统的比较
◇　自由空间中的传输损耗的特征
◇　自由空间中的传输损耗的计算

专题 3 知识能力素质目标

专题 3 的授课视频

3.1　电磁波传播的参数

3.1.1　RFID 系统使用的电磁波及频率范围

　　RFID 系统采用射频信号传输，所使用的射频信号是频率范围为 300 kHz～300 GHz 的电磁波。电磁波能在空中传播，并能被大气层外缘的电离层反射，从而形成远距离传输能力。在 RFID 的应用中，可用的频率范围有限，因此需要根据应用场景进行频谱分配。频谱分配是指根据不同的业务对频率进行分配，以避免频率使用的重叠。IEEE 频谱划分是目前广泛采用的一种模式。例如 ELF 频带范围为 30 Hz～300 Hz，VF 频带范围为 300 Hz～3000 Hz，LF 频带的范围为 30 kHz～300 kHz，HF 频带的范围为 3 MHz～30 MHz，UHF 频带的范围为 300 MHz～3 GHz。

　　国际频率分配组织包括国际电信联盟和国际无线电咨询委员会等，而中国的频率分配机构是工业和信息化部无线电管理局。频率分配后可用于不同的业务，具体应用场景包括广播业务、移动通信业务、无线电导航业务、定位业务、气象业务、标准频率业务、工业、科学、医疗等。其中，ISM 频段主要面向工业、科研、医疗机构开放。ISM 频段属于未经授权的频段，用户无须持证，使用无限制。在选择射频识别工作频率时，应考虑其他无线电业务，不得干扰其他业务。因此，RFID 和 ISM 通常只用于工业和科学应用。ISM 频段的部分频率包括 6.78 MHz、13.56 MHz、40.68 MHz、433.92 MHz、869 MHz、915 MHz、2.45 GHz、5.8 GHz 等，由于 135 kHz 以下的频率范围不保留为 ISM 频率，所以以 135 kHz 以下的整个频率范围也可用于 RFID 系统。

3.1.2　电波传播的电参数

射频识别里的无线电波传播的电参数主要包括：频率、波速、波长、相位常数、波阻抗、能流密度等。

1. 频率

频率是电磁波的一个重要参数。不同频率的电磁波信号具有不同的穿透和衍射传播能力，低频、高频、微波等不同频率范围的电磁波各有不同的应用。在实际应用中，工业产品往往在不同的频段选择一些典型的频率。例如低频射频信号的常见频率为 125 kHz，高频射频信号的常见频率为 13.56 MHz，微波射频信号的常见频率为 5.8 GHz。

2. 波速

自由空间中电磁波的波速 c 为 3×10^8 m/s，电磁波在无损介质中的波速 v 为

$$v = \frac{c}{\sqrt{\varepsilon_r \mu_r}}$$

式中 c 是光速，ε_r 是相对介电常数，μ_r 是相对磁导率。

3. 波长

电磁波的波长 λ 满足以下公式：

$$\lambda = \frac{v}{f}$$

式中 v 是波速，f 是电磁波的频率。

4. 相位常数

相位常数 k 表示电磁波单位距离的相位该变量，按以下公式计算：

$$k = \omega\sqrt{\mu\varepsilon} = \frac{2\pi}{\lambda}$$

式中 λ 是波长。

5. 波阻抗

波阻抗 η 是电磁波中的电场与磁场的比值。

6. 能流密度

能流密度是单位时间内沿能量方向垂直平面的单位面积能量。

3.2　RFID 的耦合模式

根据电子标签与阅读器之间的通信方式和能量感应方式，RFID 系统可分为感应耦合模式和电磁反向散射模式，两种模式采用不同的频率和工作原理。

3.2.1　感应耦合模式

感应耦合模式是由空间高频交变磁场实现的,可以用电磁感应定律来分析。感应耦合模式一般应用于中低频工作的短程 RFID 系统,典型工作频率包括 125 kHz、225 kHz 和 13.56 MHz。感应耦合模式下阅读器与电子标签的距离一般小于 1 m,一般工作场景之间的距离小于 20 cm。图 3-1 是阅读器和电子标签之间的感应耦合模式的示意图。

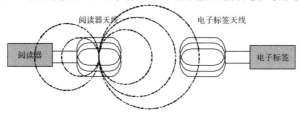

图 3-1　阅读器和电子标签之间的感应耦合模式的示意图

感应耦合模式的两个天线的距离一般较近,以便于电磁场能量的传输。阅读器的能量通过天线发射出去,电子标签的天线接收到来自阅读器的电磁场信号并转为电子标签内的能量,反之亦然。

3.2.2　电磁反向散射模式

电磁反向散射模式是基于电磁波的空间传播规律,其原理是:当电磁波以类似雷达的方式从天线发射到周围空间时,由于自由空间的衰减,到达的电磁波的一部分能量将被电子标签吸收,另一部分则通过散射向各个方向传播;反射能量的一部分将被传输回发射天线,并被天线接收。阅读器电路将接收到的回波信号放大并进一步进行信号处理,以获得电子标签的数据和信息。电磁反向散射模式利用电磁波的反射完成电子标签到阅读器的数据传输,发射的电磁波击中目标后会反射并携带目标信息。电磁反向散射模式主要用于 433 MHz、915 MHz、2.45 GHz 和 5.8 GHz 高频和微波 RFID 系统。电磁反向散射模式的工作距离一般比感应耦合模式的工作距离长,大多数超过 4 m。由于频率越高,反射性能越好,因此反向散射模式一般用于超高频射频信号。阅读器和电子标签的电磁反向散射模式示意图如图 3-2 所示。

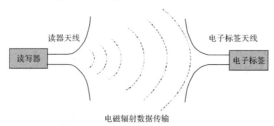

图 3-2　阅读器和电子标签之间的电磁反向散射模式的示意图

不同频段的 RFID 系统应用于不同场景,并有相应的优点和缺点。阅读器和电子标签的射频信号适用于不同频段,例如低频段、高频段、超高频段、微波段。低频 RFID 系统的优点是采用标准 CMOS 工艺,技术简单、可靠、成熟,没有频率限制,缺点是通信速度低、工作距离短、天线尺寸大。高频 RFID 系统的优点是可以兼容标准 CMOS 工艺，具有比低频段更高的通信速度和更长的工作距离，但缺点是距离比超高频段短，天线尺寸大，容易受金属材料的影响。超高频射频识别系统具有工作距离长、天线尺寸小、可绕过障碍物和方向识别等优点，缺点是该频带的使用受到限制，并且传输功率受到限制。微波 RFID 系统具有带宽高、通信速率高、工作距离长、天线尺寸小等优点，缺点是该频段属于共享频段，在很多领域都有应用，其中有些重叠冲突，易受干扰，技术复杂。针对不同频段，感应耦合模式一般适用于中低频工作的短程 RFID 系统，其天线尺寸较大。电磁反向散射模式一般适用于高频、微波工作的远距离 RFID 系统，其天线尺寸较小。

3.3　电磁波传输的损耗特征

3.3.1　电磁波传播损耗的计算

在感应耦合方式和电磁反向散射方式的 RFID 系统中，电磁波传播过程中都存在损耗。感应耦合方式主要用于低频和高频 RFID 系统，电子标签和阅读器之间的距离很小，所以电磁波传播的损耗不会太大。电磁反向散射方式主要用于高频和微波射频识别系统，电子标签与阅读器之间的距离较大，因此电磁波在自由空间传播的损耗较大。自由空间中的传输损耗是指随着天线辐射的电磁波传播距离的增加，能量自然扩散所引起的损耗，它反映了球面波的扩散损耗。

自由空间的传输损耗 Γ 如下：

$$\Gamma = 32.45 + 20\lg f + 20\lg d$$

式中 Γ 的单位是 dB，f 的单位是 MHz，d 的单位是 km。

上述公式适合微波中任意频率和距离的传输损耗的计算，例如可以用 Matlab 计算 1 m、2 m、……、20 m 等 20 个距离条件下，对应频率为 100 MHz 的阅读器与电子标签之间的电波传输损耗，如图 3-3 所示。

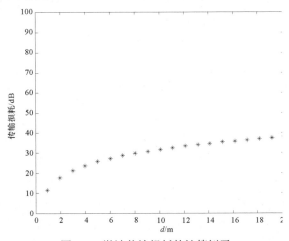

图 3-3　微波传输损耗的计算例子

从图 3-3 可以看到，使用 Matlab 可以方便地计算不同参数条件下微波传输损耗的情况，在图 3-3 的参数情形下，距离越大，传输损耗越大。

3.3.2　电磁波传播损耗的特征

当存在障碍物时，射频识别的无线传播会产生多种情况，如直射、反射、衍射和散射，这些都是在不同的传播环境中产生的。一般来说，天线和天线之间没有障碍物是微波通信的理想情形。微波射频识别使用的频率主要有 433 MHz、800 MHz、900 MHz、2.45 GHz、5.8 GHz 等。其中 433 MHz 和 800 MHz、900 MHz 具有较强的衍射能力，障碍物对无线电波传播的影响很小；2.45 GHz 和 5.8 GHz 电磁波波长较短，接收端之间最好没有障碍物。

在电磁波传输中，影响信号衰减的因素很多，包括自由空间中的传输损耗、电磁波遇到障碍物时的振幅衰减、信号随时间的随机波动以及金属导体对电磁波的吸收。其中，传输损耗可以从理论上分析和计算得到。对于常见的 433 MHz、900 MHz、2.45 GHz 和 5.8 GHz 射频微波，可以用 Matlab 仿真 0～100 m 连续距离的传输损耗情况，其传输损耗曲线分别如图 3-4、图 3-5、图 3-6 和图 3-7 所示。

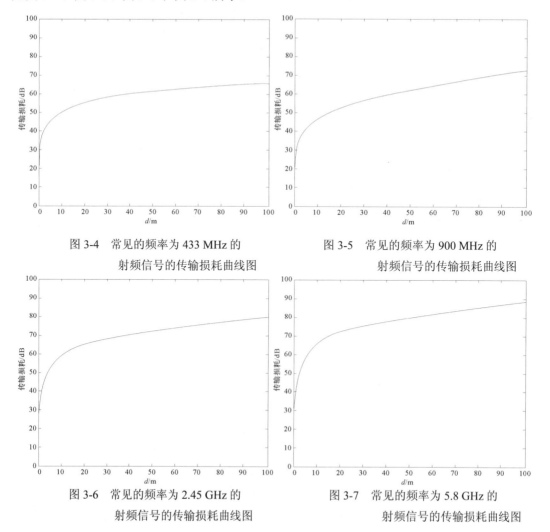

图 3-4　常见的频率为 433 MHz 的　　　　图 3-5　常见的频率为 900 MHz 的
　　　　射频信号的传输损耗曲线图　　　　　　　　射频信号的传输损耗曲线图

图 3-6　常见的频率为 2.45 GHz 的　　　　图 3-7　常见的频率为 5.8 GHz 的
　　　　射频信号的传输损耗曲线图　　　　　　　　射频信号的传输损耗曲线图

　　通过比较可以看出，微波在不同频率下的传输损耗趋势是一致的，即距离越大，损耗越大。通过比较不同频率的差异可以看出，频率越高，相同距离下的损耗越大。由于距离较短，无线电波的传输损耗曲线很陡。为了进行详细的比较，我们可以进一步比较 1 m 范围内不同频率的损耗图，如图 3-8 所示。

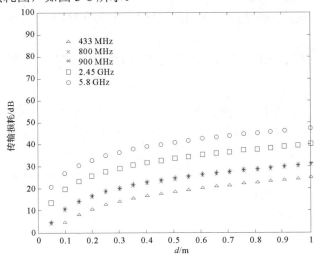

图 3-8　1 m 以内不同频率的阅读器与电子标签之间的传输损耗图

　　如图 3-8 所示，频率越高，损耗越大。如果微波损耗为 90%，则传输到达的能量已经较弱。通过阅读器与电子标签之间的无线电波传输损耗曲线，可以获得损耗为 90% 情形下的不同频率的传输距离，其数据如下：

　　433 MHz：55 cm

　　800 MHz：30 cm

　　900 MHz：26 cm

　　2.45 GHz：10 cm

　　5.8 GHz：4 cm

　　由上可见 5.8 GHz 高频微波在 4 cm 内的损耗为 90%。因此，当使用不同频率的微波进行信号传输时，有必要考虑适当的传输距离，以确保阅读器或电子标签能够接收到足够的能量。

习　　题

一、填空题

1. RFID 系统采用_____信号传输。

2. 射频信号是频率范围为_____kHz 至_____GHz 的电磁波。

3. _____是指根据不同的业务对频率进行分配，以避免频率使用的重叠。

4. ELF 频带范围为_____Hz 至_____Hz。

5. 中国的频率分配机构是_____。

6. _____频段主要面向工业、科研、医疗机构开放，该频段属于未经授权的频段，用户无须持证，使用无限制。

7. 感应耦合模式是由空间高频交变磁场实现的，可以用电磁感应定律来分析，它一般适用于_____RFID 系统。

8. 电磁反向散射模式是基于_____规律。

9. 电磁反向散射模式主要用于 433 MHz、915 MHz、2.45 GHz 和 5.8 GHz 的_____RFID 系统。

10. 微波在不同频率下的传输损耗趋势是类似的，即距离越大，损耗越_____。

二、简述题

1. 频率分配后，可用于不同的业务，举例几种常见的应用场景和业务。

2. 射频识别里的无线电波传播的主要的电参数有哪些？

3. 名词解释：相位常数、波阻抗、能流密度。

4. 根据电子标签与阅读器之间的通信方式和量感应方式，RFID 系统可分为哪两种系统？请进一步比较这两种系统的区别。

5. 以下是电磁反向散射模式的示意图。请根据示意图阐述电磁反向散射模式的原理。

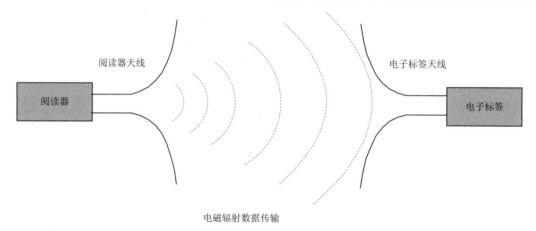

电磁辐射数据传输

6. 自由空间的传输损耗 Γ 如下：

$$\Gamma = 32.45 + 20 \lg f + 20 \lg d$$

式中 Γ 的单位是 dB，f 的单位是 MHz，d 的单位是 km。请用 Matlab 仿真不同距离的自由空间的传输损耗曲线。(其中，频率是 433 MHz)

7. 简述在无线电波从发射天线到接收天线的过程中，存在着哪些衰减因素。

8. 通过仿真对比同一距离的不同频率的自由空间的传输损耗大小。

专题 4　感应耦合的前端电路

本章重点

◇　自感、互感的概念和理解
◇　射频前端电路的分析和理解
◇　阅读器和电子标签的射频前端电路的比较
◇　电子标签的电压转换过程

专题 4 知识能力素质目标

专题 4 的授课视频

本章难点

◇　线圈互感的计算
◇　串联结构的阅读器射频前端电路
◇　并联结构的电子标签射频前端电路
◇　负载调制的理解

4.1　天线的电感

4.1.1　自感

RFID 系统中的阅读器天线和电子标签的天线需要通过耦合方式来传输数据。在感应耦合方式下，天线等效于电感，电感线圈产生交变磁场，使阅读器天线与电子标签天线耦合形成谐振电路，实现耦合后的能量和数据传输。在电感耦合方式下，应考虑线圈的自感和互感等因素的影响。

由阅读器或电子标签本身的天线电流变化引起的电磁感应称为天线的自感。当阅读器天线中的电流发生变化或电子标签天线接收到的信号电流发生变化时，天线周围的磁场会发生变化，天线的磁通量也会发生变化。因此，感应电动势将在天线中产生，感应电动势是自感电动势，产生自感情况。

通过曲面的磁感应通量称为磁通量。阅读器天线的线圈和电子标签天线的线圈通常有许多匝，通过 N 匝线圈的总磁通量如下：

$$\Psi = N\Phi$$

式中，Ψ 为总磁通，Φ 为单匝线圈的磁通。

阅读器天线的线圈和电子标签天线的线圈都有电感，该电感为

$$L = \frac{\Psi}{I}$$

在天线中，天线所在的线圈所激发的磁场与其电流成正比，通过线圈的磁链也与电流成正比。公式中的电感 L 与电流无关，取决于线圈的尺寸、形状、匝数和磁导率。系数 L 称为自感系数，单位为亨利(H)。

4.1.2　互感

当第一个天线的线圈上的电流产生磁场并通过第二个天线的线圈时，通过第二个天线的线圈的总磁通量与第一个天线的线圈上电流的比值称为两线圈之间的互感。阅读器与电子标签线圈之间的互感系数 M 可近似表示为

$$M = \frac{\mu_0 \pi N_1 N_2 R_1^2 R_2^2}{2\left(R_1^2 + d^2\right)^{3/2}}$$

Matlab 可以用来模拟不同距离的两个线圈的互感，例如当 $N_1=10$，$N_2=20$，$R_1=10\ \Omega$，$R_2=20\ \Omega$ 时，距离(d)为 0～1 m 互感系数，如图 4-1 所示。

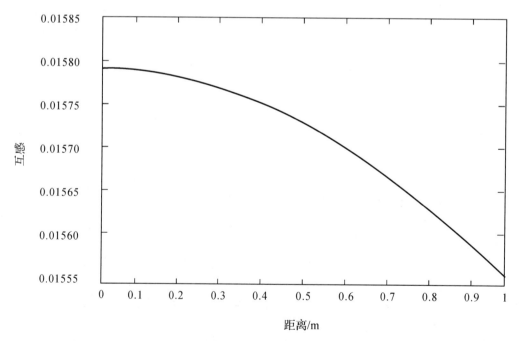

图 4-1　用 Matlab 仿真不同距离的两个线圈的互感曲线

4.2　射频前端电路

4.2.1　阅读器和电子标签的射频前端电路

1. 阅读器的射频前端电路

RFID 系统中阅读器的射频前端采用串联谐振电路，可以获得较大的能量输出。RFID 阅读器射频前端的特点是天线上需要获得最大电流和实现功率匹配，最大限度地提高了阅读器的能量输出，减小了输出信号的失真。

阅读器中常用的射频前端电路结构如图 4-2 所示。

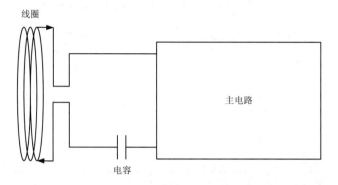

图 4-2　常见的阅读器射频前端电路结构

从图 4-2 可以看到，阅读器的射频前端的天线采用串联模式，即电容串接入电路，以实现天线上电流最大化，其目的是加大阅读器的输出功率，让远距离的电子标签也可以接收到足够的能量。

2. 电子标签的射频前端电路

RFID 电子标签的射频前端通常采用并联谐振电路，使阅读器与电子标签之间的耦合能量最大化。常见的电子标签的射频识别前端电路结构如图 4-3 所示。

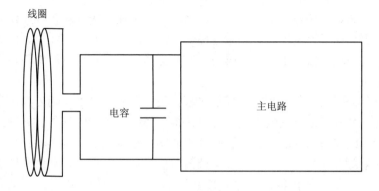

图 4-3　常见的电子标签射频前端电路结构

从图 4-3 可以看出，常见的电子标签的射频识别前端天线电路的电容采用并联结构。由于电子标签的能量来自阅读器，因此需要最大限度地获取来自阅读器的信号能量，电容并入电路的并联结构可增大与阅读器之间的耦合能量。

3. 特定领域的天线耦合和电路

电子标签和阅读器之间的信息和能量通过无线方式实现。电子标签和阅读器都有一个天线，通过特定的天线结构实现信息传输，这种双天线结构也可用于电子耳蜗。电子耳蜗由两部分组成：电子耳蜗体外机和电子耳蜗植入体。电子耳蜗体外机和植入体都有天线，并且彼此靠近，所以它们是感应耦合的，可以通过该方式传输数据和能量。以深圳信息职业技术学院研究团队所申请的实用新型专利"电子耳蜗植入体电路以及电子耳蜗"(发明人：陈又圣)为例来说明该双天线的结构，如图 4-4 所示。

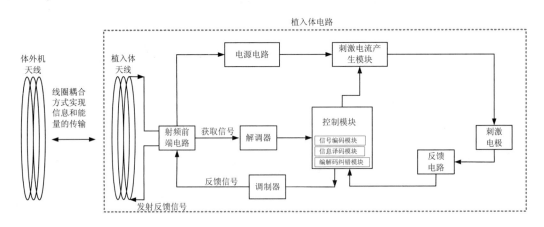

图 4-4　电子耳蜗的双天线的电路结构

电子耳蜗体外部分包括麦克风、语音处理器、信号调制电路、天线、磁铁等。电子耳蜗体内部分也称为植入体，包括电极阵列、解调电路、天线、反馈电路、磁铁等。体外和体内两部分通过两个天线进行无线通信和能量传输。电子耳蜗植入体包含刺激电路、解码电路等功能模块，它需要提供电源以维持刺激电路的工作。另外，电子耳蜗电极阵列需要产生电来刺激听觉感知，该过程也需要电源。然而，由于植入体内的器件不适合放置电池，因此需要通过无线方式从身体外部获取电子耳蜗的能量来源。图 4-4 的电路的主要功能模块包括：植入天线、射频前端电路、电源电路、刺激电流产生模块、控制模块、编解码纠错模块、解调器、信息译码模块、刺激电极、反馈电路、信号编码模块、调制器和其他器件。其中，控制模块中嵌入了信号编码模块、信息译码模块和编解码纠错模块，由软件实现，其他模块由硬件实现。

电子耳蜗体外机传输信号到植入体的过程如下：首先，电子耳蜗外部语音处理器和编码发射电路通过体外机的天线发射无线信号。植入体的天线接收信号，分别提取信号和能量，体外机的天线和植入体的天线通过线圈耦合实现信息和能量的传输；从植入体天线获得的信号进入射频前端电路，然后通过解调器对信号进行解调；解调信号控制模块可以恢复目标信号，最后得到刺激参数(包括幅度和通道数)，将刺激参数传送到刺激电流产生模块，刺激电流从电源电路中获得能量；刺激电流由相应的电极门控产生，相应刺激通道的刺激电极启动；从射频前端电路获得的信号也需要提取能量，这是因为电子耳蜗植入体没有电池，能量来自外部；通过能量提取转换电路获得信号能量并转换为直流电，然后启动刺激电流产生模块，将产生的刺激电流提供给刺激电极。此外，还需要对一些电极获得的体内参数进行测试并从刺激电极上传回数据。首先，反馈电路对刺激电极返回的参数进行处理以增强信号，然后进入控制模块。来自控制模块的输出信号用于调制器，调制信号进入射频前端电路，最后反馈信号通过植入体的天线传回体外机的天线。

4.2.2　电压转换和负载调制

1. 电压转换

当电子标签进入阅读器产生磁场时，感应电压将在电子标签天线上产生。当电子标签离阅读器足够近时，电子标签所获得的能量可以使其工作。如果阅读器与电子标签之间的耦合系数增大，例如阅读器与电子标签之间的距离减小，或者负载电阻增大，则电压可以达到 100 V 以上，但实际上一般只需要稳定的 3 V～5 V 电压即可稳定工作。

电子标签通过感应耦合与阅读器产生交流电压。经过整流、滤波和稳压后，交流电压转换为直流电压并为电子标签芯片提供电源。将电子标签的交流电压转换为直流电压的过程如图 4-5 所示。

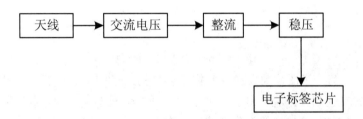

图 4-5　电子标签的交流电压转换为直流电压的示意图

从图 4-5 可以看到，天线获得的来自阅读器的电压为交流电压，不适合作为电子标签电路芯片及相关电路的工作电压。交流电压通过整流电路转为单向的直流电压，但此时的直流电的电压是波动的，因此需要将通过稳压电路的该直流电调整为稳定的直流电，进而给电子标签芯片供电。

2. 负载调制

负载调制是 RFID 系统中常用的调制方式。负载调制根据数据流的节拍来调整电子标签振荡电路的电参数，使得电子标签阻抗的大小和相位相应地改变，从而完成调制过程。负载调制技术主要包括电阻负载调制和电容负载调制。

在电阻负载调制中，负载电阻器与一个根据数据流时钟连接和断开的电阻器通过并联方式连接。开关的开闭由二进制数据编码控制。在电容负载调制中，负载与电容并联，用电容代替二进制数据编码控制的负载调制电阻。

用 Matlab 仿真的电阻负载调制如图 4-6 所示。

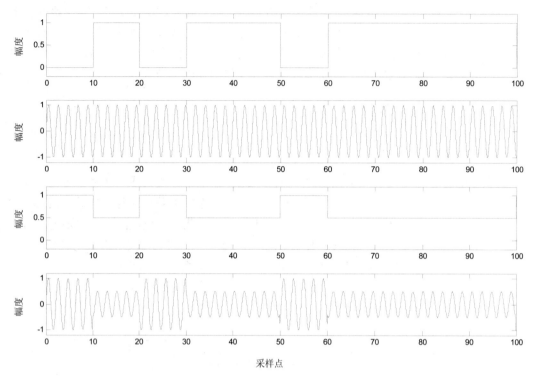

图 4-6　电阻负载调制的仿真

在图 4-6 中，第一子图是要发送的数据序列，第二子图是高频调制信号，第三子图是电阻调制对应的二进制数据流，最后一个子图是调制信号的波形图。在电阻负载调制中，当电子标签的谐振电路中的电压发生变化时，由于电子标签的天线和阅读器的天线是耦合的，电子标签的信息可以传送给阅读器，因此阅读器接收到的电压信号也会发生变化。

习　　题

一、填空题

1. _____方式下，天线等效于电感，电感线圈产生交变磁场，使阅读器天线与电子标签天线圈耦合形成谐振电路，实现耦合后的能量和数据传输。

2. 由阅读器或电子标签本身的天线电流变化引起的电磁感应称为天线的_____。

3. 通过曲面的磁感应通量称为_____。

4. 在天线中，天线所在的线圈所激发的磁场与其电流成_____，通过线圈的磁链也与电流成_____。

5. 公式中的电感 L 与电流无关，取决于线圈的_____、_____、_____和_____。

6. 电子标签通过感应耦合与阅读器产生交流电压。经过整流、滤波和稳压后，交流电压为电子标签芯片提供所需的_____电压。

7. 负载调制技术主要包括_____调制和_____调制。

8. 交流电压通过整流电路转为_____向的直流电压。

9. 负载调制根据数据流的节拍来调整电子标签振荡电路的电参数,使得电子标签阻抗的_____和_____相应地改变,从而完成调制过程。

二、简述题

1. 比较自感和互感的区别和联系。

2. 用 Matlab 模拟不同距离的两个线圈的互感,其中 N_1=15,N_2=20,R_1=30 Ω,R_2=50 Ω 时,距离 d 从 1 cm 到 5 cm。

3. 为什么阅读器的射频前端的天线采用串联电路?

4. 为什么电子标签的射频前端的天线采用并联电路?

5. 简述电子标签的电压转换过程。

6. 简述 RFID 系统中的负载调制方式。

7. 电子标签的交流电压转换为直流电压的示意图如下:

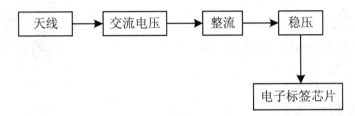

请分析电子标签芯片从天线获取电压的过程。

8. 比较阅读器的射频前端电路和电子标签的射频前端电路的区别。

专题 5　RFID 系统的信号调制方式

 本章重点

◇ 信号和信道的概念和理解
◇ 信号传输系统的分类
◇ 载波信号的理解
◇ RFID 常用的调制方法

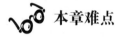 **本章难点**

◇ 模拟通信系统和数字通信系统的比较
◇ RFID 系统常用的调制方法
◇ ASK 调制和仿真
◇ FSK 调制和仿真
◇ PSK 调制和仿真

专题 5 知识能力素质目标

专题 5 的授课视频

5.1　信号传输的系统

5.1.1　信道、基带信号与信息的传递

　　RFID 系统里的编码和调制涉及信号和信道两个概念。在 RFID 系统中，所使用的信号是电信号，通过电信号可以实现 RFID 阅读器与电子标签之间的信息传输。信道是通信的通道和传输媒介。短波信道、微波信道和有线信道是常见的信道，而 RFID 系统则采用无线信道。信道包含两个参数：带宽和速率。信号传输的频率范围是带宽，数据在传输介质上的传输快慢是速率。

　　原始电信号通常称为基带信号。有些信道可以直接传输基带信号，但以自由空间为信道的无线传输不能直接传输基带信号。基带信号被编码，然后转换成适合在信道中传输的信号，这个过程叫作编码和调制。在接收端，基带信号被反变换然后解码，这个过程称为解调和解码。调制信号有两个基本特性：携带信息和适合在信道中传输。

　　信息传播总是伴随着人类的生活、生产和社会活动，这种信息的传递称为通信。通信系统是指完成通信过程的所有设备和传输介质。通信系统涉及的主要术语和概念包括信息源、发射装置、信道、噪声源、接收设备、受信端、模拟信号和数字信号。其中，信息源是通过特定装置把各种信息转换成的电信号；发射装置是用于产生适于在信道上传输的信

号的装置；信道是将信号从发送设备发送到接收端的物理介质；噪声源是分布在整个通信系统中的噪声；接收设备是从接收设备恢复信号的装置；受信端是将原始电信号还原为相应信息的终端；模拟信号是指报文的信号参数值是连续的；数字信号是指信息的信号参数是有限的和离散的。

5.1.2　模拟通信系统与数字通信系统

信号传输系统包括模拟通信系统和数字通信系统。模拟通信系统通过模拟信号传输信息，发送和接收设备则简化为调制器和解调器，而数字通信系统使用数字信号来传输信息。其中，信源编解码的目的是提高信息传输的有效性；信道编解码的目的是增强抗干扰能力；加解密的目的是提高信息的安全性；数字调制和解调的目的是形成适合在信道中传输的信号。

与模拟信号相比，数字信号具有许多优点，特别是在信号安全性、存储方便性、信号转换方便性、物联网适用性等方面。数字信号的安全性体现在数字信号的加解密比模拟信号的加解密容易。数字信号存储方便性体现在易于转换成二进制数据，便于计算机存储和信号转换。物联网适用性体现在数字信号更有利于不同对象之间的信号传输，更适合建立复杂的传感器网络。

5.2　信号调制和通信模型

5.2.1　信号调制

在通信系统中，系统发送端的电信号通常是低频信号，不适合在信道中直接传输。因此有必要将原始信号转换成适合信道传输的高频信号，这个过程叫作调制。以正弦信号为例，利用 Matlab 对信号调制进行了仿真。原始低频正弦信号如图 5-1 所示。

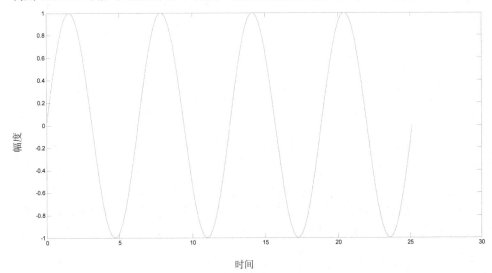

图 5-1　原始低频正弦信号的波形图

载波信号采用高频正弦信号，如图 5-2 所示。

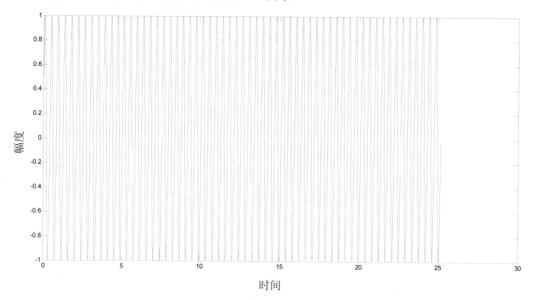

图 5-2　高频正弦载波信号的波形图

调制信号的波形图如图 5-3 所示。

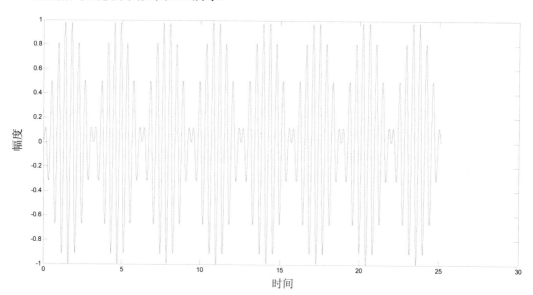

图 5-3　调制信号的波形图

对比图 5-1、5-2 和 5-3，可以看出调制信号的波形发生了很大的变化，但信号的包络与原始信号一致。因此，调制信号主要通过高频信号的包络来传输原始信号的信息。

以通信中常见的语音调制为例，对于 1.5 s 左右的声音信号，利用 Matlab 对调制前后的信号波形进行仿真，如图 5-4 所示。

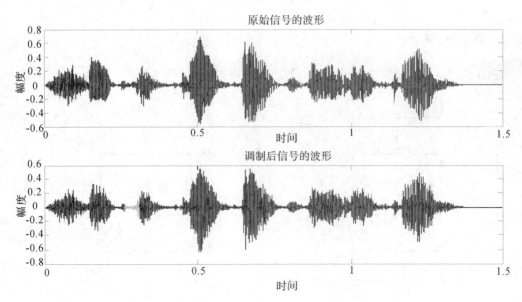

图 5-4 调制前后的语音信号的波形图

图 5-4 对应的频谱如图 5-5 所示。

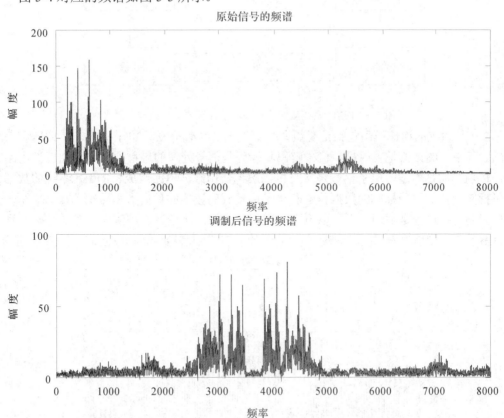

图 5-5 调制前后的语音信号的频谱图

从图 5-5 中调制前后语音信号的频谱来看，调制的作用是实现频谱的偏移，同时保留了频谱本身的纹理特征。

5.2.2　通信模型

RFID 系统从阅读器到电子标签的信号通信方式如图 5-6 所示。

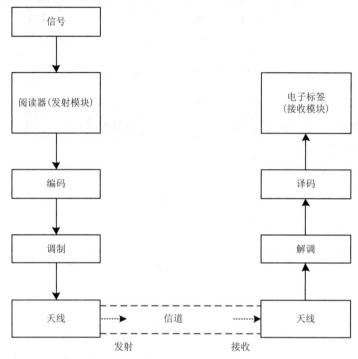

图 5-6　RFID 系统从阅读器到电子标签的信号通信方式

RFID 系统的通信模型包括信号编码、调制器、传输介质、电子标签、解调器和信号解码。其中，阅读器是发射机，信号解码和译码是信号处理的过程，调制器由载波电路组成，传输介质是信道，电子标签是接收机，解调器由载波电路组成。RFID 系统的数据传输包括阅读器到电子标签的数据传输和电子标签到阅读器的反向数据传输。

调制的逆过程是解调。下面以电阻负载调制为例，比较调制和解调信号的变化。利用 Matlab 对二进制信号的调制解调进行了仿真,原始二进制信号和高频载波信号如图 5-7 所示。

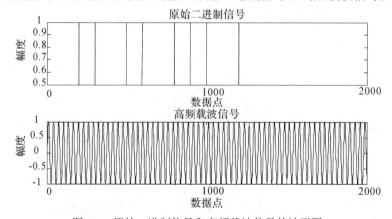

图 5-7　原始二进制信号和高频载波信号的波形图

信号调制和信号解调后的对比如图 5-8 所示。

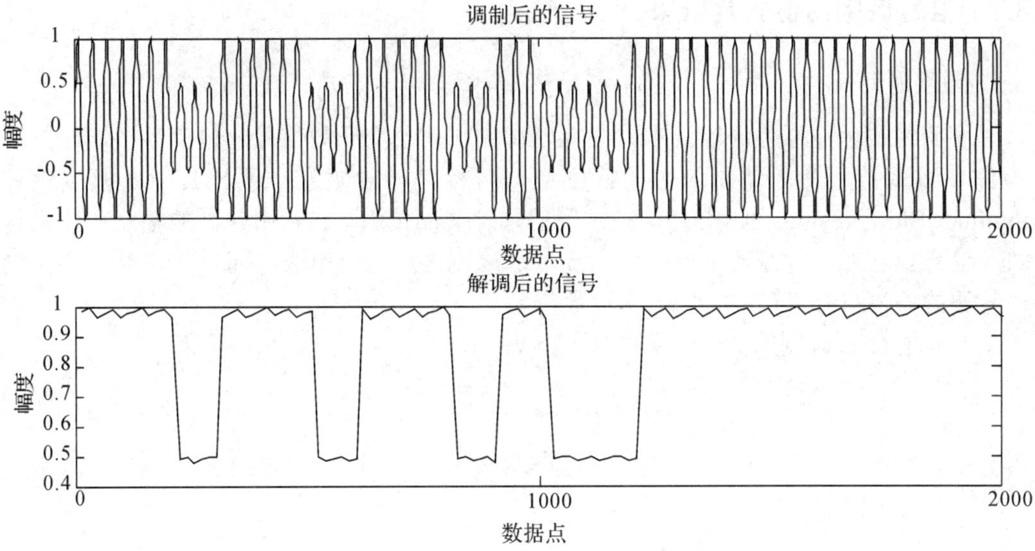

图 5-8　信号调制和信号解调后的波形图

从图 5-7 和 5-8 可以看出，解调后的信号与原始信号不完全一致，但可以恢复信号包络等基本特征，通过解调后信号的包络特征可以提取出原始目标信号有效信息。

5.3　RFID 系统的调制模式

5.3.1　RFID 系统常用的调制方法

数字基带信号中含有低频分量，不能通过无线信道传输，因此需要通过调制来匹配信道特性。RFID 系统主要采用数字调制方式，利用数字基带信号控制载波，将数字基带信号转换为数字调制信号。调制以后的信号称为已调信号，它包含了基带信号的特性。调制的基本功能是实现频移和信道复用。另外，调制频率一般较高，工作频率越高，带宽越大，天线尺寸越小。其中，频移的作用是将基带信号频谱移到特定的频率，使信号在特定的信道中传输。信道复用是指通过调制，将待发送的多个信号的频谱移到指定的位置，不同信号的位置不同，使多个信号的频谱信息同时加载到一个信道中，可以同时传输更多的目标信号。根据信息论理论，高频占据了更大的带宽。工作频率越高，天线尺寸越小，意味着工作频率与波长成反比，高频对应的是小波长，因此天线尺寸较小。

载波参数包括振幅、频率和相位。在工程实现中，可以根据不同的参数实现幅度调制、频率调制和相位调制。调幅是指通过特定的调制技术使载波信号的幅度参数随目标信号的变化而变化；调频是指通过特定的调制技术，载波信号的频率参数随着目标信号的变化而变化；调相是指通过特定的调制技术，载波信号的相位参数随着目标信号的变化而变化。在工程实践中，一般选用正弦信号作为载波。

5.3.2　信号调制的仿真及结果

1. 幅度调制技术

幅度调制技术被称为调幅技术。在幅度调制中只改变载波信号的幅度参数，而频率和相位参数保持不变。调制信号的幅度应与目标信号的幅度一致。其中，幅度键控(Amplitude Shift Keying，ASK)是一种常用的幅度调制技术，它利用载波的幅度变化来传输数字信息。在非二进制数字调制中，载波的幅度由多个值组成，而在二进制数字调制中，载波的振幅只有"1"和"0"两种数值。

图 5-9 是 ASK 调制的仿真结果。

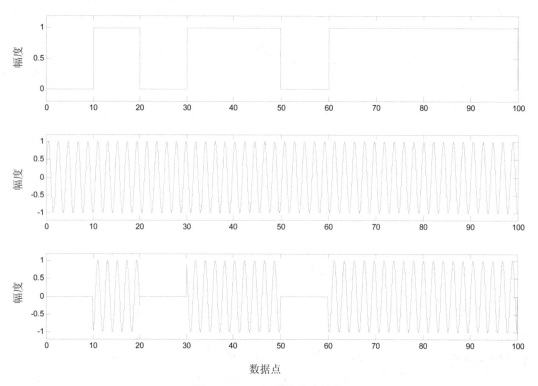

图 5-9　ASK 调制的仿真结果

在图 5-9 中，第一子图是二进制的数据序列，第二子图是高频载波信号，第三子图是ASK 调制后的仿真结果。

2. 频移键控技术

频移键控(Frequency Shift Keying，FSK)是一种常用的频率调制技术，它通过改变载波频率信息来传输目标信号的信息。同样，在非二进制数字调制中，频移键控载波的频率变化可以有多个值，而在二进制数字调制中，载波频率的两个频点只有"1"和"0"两个数值状态。

图 5-10 是 FSK 调制的仿真结果。

在图 5-10 中，第一子图是二进制的数据序列，第二子图是对第一子图的数据取反后

("1" 和 "0" 切换)的二进制数据序列，第三子图是第一个频率的载波信号，第四子图是第二个频率的载波信号，第五子图是 FSK 调制后的仿真结果。

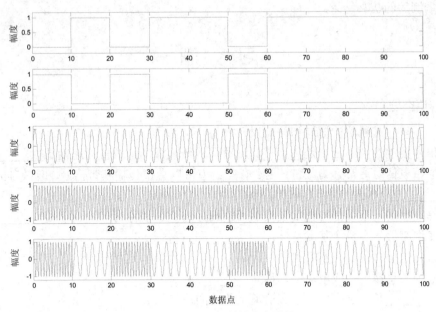

图 5-10　FSK 调制的仿真结果

3. 相移键控技术

相移键控(Phase Shift Keying，PSK)是一种常用的相位调制技术，它利用载波相位变化来传输目标信号信息。同样，在非二进制数字调制中，相移键控载波的初始相位可以有多个值，而在二进制数字调制中，相移键控载波的初始相位只有 "1" 和 "0" 两个数值状态。

图 5-11 是 PSK 调制的仿真结果。

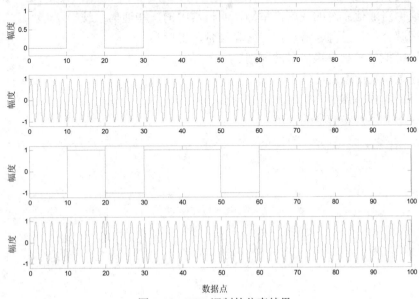

图 5-11　PSK 调制的仿真结果

在图 5-11 中，第一子图是二进制的数据序列，第二子图是高频载波信号，第三子图是第一子图的数据序列进行变换，即"1"的数值不变，"0"的位置切换为"−1"，第四子图是 PSK 调制后的仿真结果。

习　题

一、填空题

1. _____是通信的通道和传输媒介。

2. 信号传输的频率范围是_____，数据在传输介质上的传输速度是_____。

3. 原始电信号通常称为基带信号。有些信道可以直接传输基带信号，但以自由空间为信道的_____不能直接传输基带信号。

4. 在接收端，基带信号被反变换然后解码，这个过程称为_____和_____。

5. 在调制信号有两个基本特性：_____和_____。

6. 信息传播总是伴随着人类的生活、生产和社会活动，这种信息的传递称为_____。

7. 各种信息被转换成电信号，称为_____。

8. _____是用于产生适于在信道上传输的信号的装置。

9. _____是分布在整个通信系统中的噪声。

10. _____是将原始电信号还原为相应信息的终端。

二、简述题

1. 常见的信道有哪些？

2. 信道包含两个参数：带宽和速率，你如何理解带宽和速率。

3. 什么是编码和调制？

4. 谈谈你对通信系统的理解，举例说明日常中的一些通信系统。

5. 名词解释：信息源、噪声源、接收设备、受信端。

6. 比较模拟信号和数字信号的区别。

7. 阐述数字通信系统的优点。

8. 数字调制和解调的含义和作用是什么？

9. 谈谈你对加密和解密的理解。

专题 6　RFID 的应用

本章重点

◇　RFID 在交通领域中的应用
◇　RFID 在生活中的应用
◇　RFID 在生产中的应用
◇　RFID 在金融和信息安全领域的应用

专题 6 知识能力素质目标

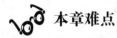

本章难点

◇　ETC 收费系统
◇　基于 RFID 的公交业务管理系统
◇　大型超市中的 RFID 应用
◇　图书馆中的 RFID 应用
◇　货物出入库中使用 RFID 的流程

专题 6 的授课视频

6.1　RFID 在交通领域中的应用

6.1.1　智能车辆

RFID 技术是连接智能交通和物联网的桥梁。未来的交通系统将由人、车、路、环境等综合事物和数据组成。在这个系统中，汽车、道路和环境都将被赋予与人类相似的智慧和能力。在智能交通中，RFID 技术在智能车辆中起着关键作用。它将各种车辆信息实时、动态、准确地映射到系统的数字平台上。随着 RFID 技术的进步和成本的降低，它对提高车辆管理信息化水平，建设数字城市具有重要价值。

图 6-1 显示了 RFID 在停车场、高速公路收费站和电子车牌中的应用。

RFID 技术在国外已经得到了广泛的应用。例如美国海关将 RFID 电子牌照嵌入车辆，并在装载和卸载的集装箱上嵌入 RFID 电子标签。马来西亚、新加坡等东南亚国家也将 RFID 技术应用于电子收费和电子车牌。中国内地各大港口已开始使用电子车牌管理进出港车辆，以提高营运效率。电子车牌系统的建立在数据采集方面比传统的交通监控数据采集方法具有更多的优势。

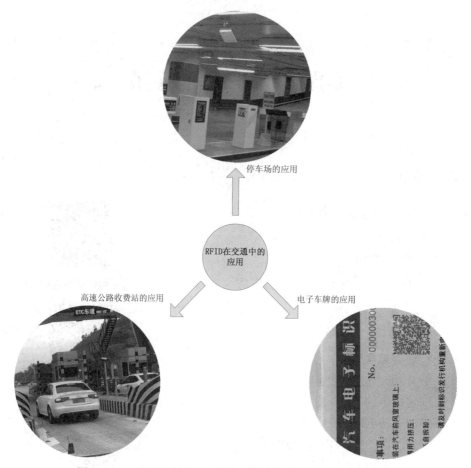

图 6-1　RFID 在停车场、高速公路收费站和电子车牌中的应用

　　RFID 技术应用于车辆的主要功能包括：公路车辆信息采集、城市主干道交通拥堵监测、城市营运车辆管理、公交站点电子报站及线路监控、客运站车辆调度、出租车资质检查、ETC 电子收费等。其中，ETC 电子收费是目前比较流行的应用，它是一种自动收费方式，利用专用短程微波通信技术自动识别车辆，采用电子支付方式自动完成车辆通行费扣除。与传统的人工计费方式不同，ETC 技术以电子标签为载体，通过无线方式实现远程数据接入和自动计费功能。当 ETC 系统检测到车辆已进入车道时，安装在机架上的微波天线将自动与安装在车辆上的电子标签交换信息，根据电子标签中存储的信息，可识别车辆信息，并可根据车主预付卡或银行账号使用情况从中扣除通行费。交易成功后，车道栏杆自动升起放行车辆。车辆通过后，栏杆自动降下。整个收费过程不需要人工干预，可以减少道路拥堵。其中微波专用短程通信模块是 ETC 系统的关键设备，主要由微波天线和电子标签组成。电子标签由固定车载机和可插拔支付卡组成。车载机存储车牌号等信息。用户的消费金额和余额则存储在支付卡中。

　　在 RFID 技术应用于交通管理领域之前，传统交通管理面临的困难和问题如下：

　　(1) 很难准确识别车辆身份。传统的方法是识别实物车牌和纸质驾驶证，但实物车牌和纸质驾驶证容易被犯罪分子伪造。在用传统方法识别传统车牌和驾驶证的情况下，仅仅依靠相关人员设置路障和拦截检查，需要大量的人力物力，无法完全查证。

(2) 如何对车辆进行智能监控。目前，我国机动车保有量巨大，城市道路日益拥挤。如何准确地监控和引导交通是交通管理部门面临的一个难题。传统的交通统计和路况监测是通过视频进行的，需要大量人员在主控室进行监控和调度，效率低，成本高。

RFID 技术的应用场景之一是基于 RFID 的公共交通业务管理系统。该系统可以实时记录驾驶员日常工作表现的多项指标(例如车辆日常保养、行驶里程、客运量、营业收入、油耗、维修、交通事故、驾驶服务等)。以美国双城 RFID 公交车库定位管理系统为例，明尼阿波利斯和圣保罗是明尼苏达州的双城，公交公司为双城周边地区提供公共交通服务。现在公交公司有 5 个公交终端采用 RFID 定位技术。公共交通收费系统在实际应用中的需求包括扣费、查询、充值、挂失、存储和用户管理等功能。其中，扣费的功能是用户乘坐公交车刷卡时，阅读器会读取信息，判断卡是否合法，余额是否足够，然后根据卡信息完成刷卡扣费。查询功能是查询乘客 IC 卡消费记录和余额情况。充值功能是用户可以在特定的地点和设备进行充值。挂失功能可用于公交卡丢失时的挂失和注销。存储功能是系统可以记录和备份用户在公交车上刷卡的情况，方便数据统计和费用结算。用户管理功能是通过网络系统对公交卡进行监控和管理，设置和初始化参数，对阅读器的记录进行采集、管理和分析。

RFID 技术也被应用于列车收费，如京津城际列车运输系统。京津城际列车实现了公交化运营，各站之间旅客候车时间很短，旅客到站后可快速上车，但反复购票不仅耗费了乘客的时间，也增加了车站的工作量。为了解决这一问题，铁路部门发行了京津城际列车 RFID 快捷卡，旅客可以直接刷卡上车，加快了通行速度。RFID 技术也可以应用于智能收费，可根据社区、企事业单位对智能停车场的需求，引入 RFID 智能停车管理系统，实现车辆自动识别和信息管理。同时可以统计车辆出入数据，方便管理人员调度，有效防止收费漏洞。

6.1.2　智能交通

中兴通讯建立了一个基于 RFID 的智能交通系统，其目标是建立综合性车辆信息平台，推动公安交通系统相关车辆信息平台化，实现车辆相关信息资源共享，提高车辆管理信息化和自动化水平。在中兴通讯的系统中，电子牌照是核心，可分为信息源层、基站集群层、数据层、支撑层和应用层五个层次。其中，信息源层由汽车电子牌照组成，是整个信息资源的载体。基站集群层由不同类型、不同功能的基站组成，实现车辆相关信息的采集。数据层由多个数据库组成，是信息的存储层。支撑层是电子车牌系统平台的逻辑层，主要包括对车辆相关信息的分析和提取。应用层是车辆信息的外部表现形式和具体应用。RFID实现了车辆信息的自动识别和信息采集的智能化。通过在车辆上安装 RFID 卡，车辆高速通过监控点时可以自动识别，大大提高了行驶速度，避免了拥堵。系统与车辆信息数据库、支付信息数据库连接后，与数据中心数据库进行比对，可以快速查出车辆是否存在盗窃、制假、非法营运等情况，打击各类车辆犯罪问题。

为了打击交通领域的各种犯罪，公安、交警等相关部门也迫切需要引入 RFID 技术进行各种管理和监控，主要需求包括道路检查站监控、车辆监控、车辆跟踪、出租车运营管理、交通疏导、防止车牌被盗和伪造等，其中道路检查站监控的需求是利用道路采集点的实时数据，对监控车道的车流进行采集、分析、车牌识别，并自动上传分析结果。根据系统采集的数据和信息，实时分析交通流量，对道路进行监控和管理，并与管理部门的系统共享数据进行协同管理。车辆监控的需求是利用嵌入式 RFID 标签获取实时数据，从而实现对特定车辆的跟踪和车辆信息的查询。车辆跟踪的需求是利用道路采集点获取的数据来跟踪肇事车辆的行驶轨迹，并与城市摄像系统相结合，为追逃提供进一步的支持。出租车运营管理的需求是将卡口监控的交通流信息与车辆行驶监控信息相结合，实现对出租车的实时管理，收集、统计相关运营证件信息，监控出租车路线和运营区域等。交通疏导的需求是通过卡口监测获取道路状况数据，实时分析交通流量。通过对数据的分析计算，可以为车辆提供最佳行驶路线，并进一步发布和播报行驶路线的交通状况、交通管制和交通事故情况，从而有效地实现交通疏导和车辆分流。管理部门可以收集各种信息，综合展示交通流统计结果、交叉口交通疏导分析预测、路网交通状态评价、道路交通管制等结果，并通过图形界面实时显示特定时段和区域的交通状况。防止车牌被盗和伪造的需求是利用基于 RFID 的电子车牌技术实现车牌的防伪。同时，通过与车辆监控子系统的联动，实现了对假车牌车辆的追查功能。

RFID 系统也应用于航空领域，如图 6-2 所示。

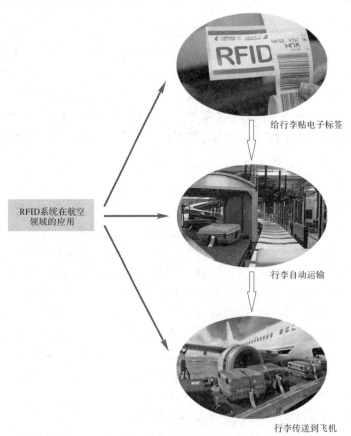

图 6-2　RFID 系统在航空领域的应用

RFID 系统可以提高运营效率，帮助航空公司减少员工数量，实现对各个环节的信息管理，为客户提供高效周到的服务。RFID 技术在机场管理系统中具有广阔的应用前景，世界各地的许多机场都使用 RFID 标签来跟踪和处理包裹。

6.2　RFID 在生活中的应用

6.2.1　智能消费

在日常生活中，RFID 卡可以用于加油站。传统的加油支付方式是现金和记账，这对消费者是很不方便的，对加油站来说工作效率也低、管理成本高、现金周转困难。因此，使用 RFID 智能卡进行加油结算具有显著的优势。RFID 智能卡具有数据容量大、保密性好、安全性高、抗干扰能力强、操作快捷、方便快捷等优点。

RFID 技术也逐渐被引入大型超市。目前，超市的结算大多是利用商品上的条形码。与手工支付技术相比，条形码技术的工作效率有了很大提高，但排队等候付款的客户越来越多，速度仍然缓慢。当顾客数量较大时，往往会出现拥挤现象，降低顾客的购物体验和超市接待顾客的能力。RFID 阅读器可以安装在货架和购物车上，电子标签可以贴在每个仓储商品上，在写入装置中可以写入货物的名称、价格、数量、生产日期等相关信息。货架上商品电子标签的卡号及相关信息可通过阅读器分批读出，参数可分批设置。安装 RFID 阅读器后，购物车可进一步配置相应的应用软件。阅读器可以读取放置在购物车中的商品信息，帮助顾客在途中实时计算购物车中的商品数量，并能在步行时为顾客提供附近的商品信息，选择目标商品的信息并自动介绍，确定商品位置和推荐购物路线等。

此外，RFID 上的数据和信息可以连接到手机 app 上，客户可以预先安装超市的 app。在购物时，他们可以获得所查询商品的信息，获得所需商品的货架号和相应位置，引导顾客到指定的商品区取得所需商品，节省购物时间，提高购物体验。另外，商品的 RFID 标签上的价格等信息可以直接传送到 app 与结算系统连接，这样可以加快结账速度，减少排队时间。

在超市的具体应用中，RFID 技术主要用于商品盘点、顾客识别、广告推送、辅助购物、快速结算等。其中，商品盘点是指货物贴上电子标签后，可以快速清点、分批清点。顾客识别是指超市发行会员卡，当顾客携带会员卡时可以直接被阅读，超市根据顾客的身份信息和购物习惯有针对性地介绍商品。广告推送是指当顾客推着装有阅读器的购物车经过特定区域时，阅读器可以扫描获取附近商品的信息，然后向顾客推荐附近商品的折扣信息，引导顾客购买。辅助购物是指顾客可以在手机 app 或购物车显示屏上搜索所需商品，获取商品的货架号和位置信息，顾客根据提示前往相应的购物区快速完成商品的购买。快速结算是指有电子标签的商品可以整体放入购物车，结算时不需要像条码技术那样逐个扫描商品，而是直接读取整车商品信息，一次得到总消费金额，快速完成结算。

RFID 技术也经常应用于体育品牌和相关产品中。通过 RFID 技术，带有电子标签的产品可以从离开物流中心的那一刻起进行跟踪。它可以快速、实时地获取货物的物流数据和销售数据，并根据数量进行补货，还可以使实体商店和网上商店连接数据、共享数据，减少仓库库存，提高用户体验。RFID 技术可以应用于产品供应链的各个环节和全过程，可以减少在各环节重复粘贴电子标签，降低电子标签的使用成本，提高供应链的整体效率。高端体育品牌假冒产品较多，如果体育产品在生产过程中贴上了特定的电子标签，那么每个体育产品都有一个唯一的产品编号。在体育用品的运输过程中，RFID 阅读器被用来验证产品的真实性。同时，可以批量读取信息，高效地完成库存、跟踪和配送工作。在零售环节，RFID 技术除了可以用于商品快递盘点、快速补货、快读结账，还可用于防盗。

6.2.2　智能校园

目前，校园内广泛使用的一卡通就是 RFID 技术在校园生活中的具体应用。校园一卡通是利用 RFID 技术实现校园身份认证、校园日常生活和人员身份信息管理的解决方案。校园一卡通集传统学生卡、教师卡、图书馆卡、医疗卡、餐卡、通行卡、消费卡等多种功能于一体。校园一卡通具有方便、高效、安全、多功能的特征，使校园学生只需一张卡即可进行身份验证、校园进出、学籍管理、成绩打印、食堂就餐、超市消费等。在校园新式食堂中，也采用了 RFID 高速支付系统。

以下是杭州雄伟科技公司开发的基于 RFID 的餐厅自动结算系统实例。该系统的目标是为了加快结算速度和对食堂的餐盘和结算制度进行改革。先将电子标签粘贴在标牌上，并将相应信息写入标牌的电子标签中，如图 6-3 所示。然后学生可以自己选菜，设备会自动计算出付款金额，如图 6-4 所示。

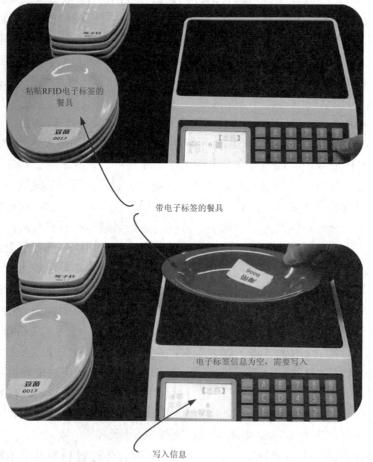

图 6-3　餐厅自动结算系统对餐盘的电子标签进行信息写入

图 6-4　系统自动计算支付金额

从图 6-4 可以看到，由于菜品可以放在盘子上一次性结算，不需要单独统计，盘子和电子标签的重叠和遮挡不会影响到它，这有助于在拥挤的大学食堂加快就餐速度。

6.2.3　智能图书

校园图书馆也采用了 RFID 技术，如扬州图书馆自助还书系统，如图 6-5 所示。

图 6-5　图书馆中的自助借还机

自助借阅系统中也包括 RFID 读取装置，如图 6-6 所示。

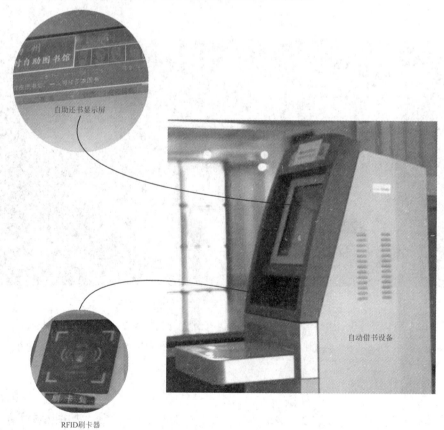

图 6-6　自助借书系统中的 RFID 读取装置

　　为了使图书馆的图书易于自动识别，有必要在图书中嵌入电子标签，贴电子标签的过程如图 6-7 所示。

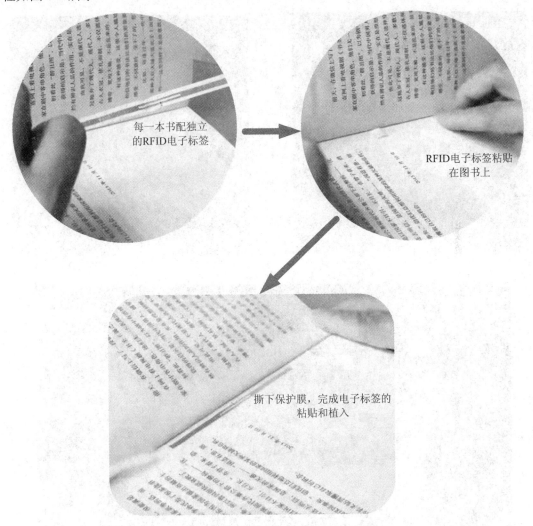

每一本书配独立
的RFID电子标签

RFID电子标签粘贴
在图书上

撕下保护膜，完成电子标签的
粘贴和植入

图 6-7　在图书中嵌入电子标签的示意图

　　从图 6-7 可以看到，工作人员在书中粘贴了 RFID 电子标签，它的初始状态是一个没有数据的空白电子标签。然后工作人员需要使用 RFID 写入设备来输入书籍的信息。此时，RFID 电子标签的数据对应于一本特定且唯一的图书。

　　当你需要借书时，其流程和场景如图 6-8 所示。

　　图书馆工作人员将 RFID 电子标签贴在每本书上，RFID 阅读器闸机安装在图书馆出口处。当有人带着借来的书或其他媒体材料离开图书馆时，RFID 阅读器闸机会发出警报。由于电子标签的存在，图书馆还可以对图书进行跟踪定位，加强图书管理。图书馆安装了多台自助借阅设备，读者进入图书馆后可以在自助借阅设备中取出图书。读者把选中的书放在自动借阅机前，并放上一张带有电子标签的借书卡，机器将自动扫描卡片并将借阅信息写入卡片。归还图书时，只要将图书放在自助借阅设备的归还箱中，系统就会自动识别图书并修改借书卡信息。由此可见，在图书借阅和归还过程中，读者可以方便快捷地完成图书的借还工作，有助于减轻工作人员的工作量。目前，RFID 技术已在国内大型图书馆中得到普遍应用。

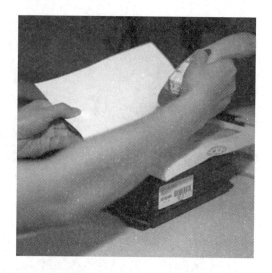

图 6-8　图书借阅的示意图

　　与传统的条形码技术相比，RFID 技术在图书馆管理中具有更大的优势。第一，条形码打印到书中后不能更改，而 RFID 标签嵌入书中后可以随时修改。第二，条形码阅读器应靠近条形码信息，条形码不能被遮挡，而 RFID 电子标签只要在有效距离范围内，即使被遮挡，也能收发信号。第三，RFID 标签具有更大的数据存储容量。第四，印刷在书中的条形码通常是纸或塑料材料制成的，在潮湿环境中使用时容易损坏，难以识别，而 RFID 材料比条形码更耐用，适合用于被反复翻阅的书籍。第五，RFID 技术在借书方面更有效。在打印或粘贴条形码图书时，还需要工作人员打开图书相应页面上的条形码，扫描后才能借还书。RFID 阅读器通过非接触方式读取电子标签的信息，并通过 RFID 防碰撞技术实现对多本书的识别，从而实现同时借还书的操作，提高了操作效率。第六，RFID 技术更方便图书馆工作人员管理书架上的图书。由于 RFID 技术不需要打开书本找到条形码，也不需要在短距离内扫描编码，因此可以快速读取和识别书架上的书籍，方便查找乱架、错架的书刊，分类归还，使图书的整理和整架工作更加方便。

6.3   RFID 在生产中的应用

6.3.1   智能生产

RFID 技术可以实现制造企业数据的自动采集和产品生产过程的全过程跟踪，为制造企业的科学管理提供实时、准确的数据信息。RFID 技术可以实现对物流领域的原材料、半成品、成品、运输、仓储、配送、货架、销售、退货处理等各个环节的实时监控。它不仅可以提高供应链的自动化程度，而且可以大大降低差错率，从而显著提高供应链的透明度和管理效率。

RFID 在生产中的应用如图 6-9 所示。

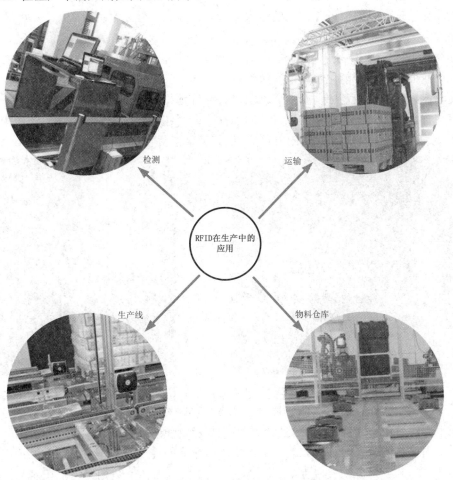

图 6-9   RFID 在生产中的应用

　　图 6-9 是 RFID 技术在生产中的应用。RFID 技术本质上是一种非接触式的自动识别技术，它可以在不接触的情况下获取相关数据，信号采集和识别过程是自动完成的，无须人工干预。由于其对各种恶劣环境具有适应性，因而可用于复杂的生产环境。此外，RFID 还可以同时识别高速运动物体和多个嵌入电子标签的物体。它能在工厂油渍、粉尘污染等恶劣环境下正常工作，且不需要光线，可代替条形码跟踪管道上的物体。

　　RFID 技术在制造业中的作用主要体现在它能够实现产品生产过程的自动跟踪。RFID 技术不仅可以读取电子标签中产品的当前状态(如加工进度和质量数据)，还可以读取以前的操作和将来要执行的操作，这样，企业才能达到更高水平的质量控制。如 RFID 在德国汽车制造领域的应用，德国采埃孚(ZF)公司是世界著名的汽车底盘和变速器供应商，该公司引入了一个 RFID 系统来跟踪和指导八速变速器的生产。由此可见，RFID 技术在智能生产中有着重要的应用。

6.3.2　智能物流

　　商品生产完成后，需要通过物流送达用户手中。RFID 技术也应用于物流领域。传统的货物库存管理存在的问题是：物流是人工管理，获取货物信息时间长，货物库存过多，人员成本高，货物跟踪定位困难，货物周转率低等。统一的库存管理模式已不能适应快速变化的商品市场。RFID 技术可以提高工作效率，准确、快速地进行货物管理和数据采集，是提高企业信息化和智能化水平的有效途径。

　　在物流领域的供应链中，企业必须实时、准确地把握整个供应链中的业务流、物流、信息流和资金流的流向和变化。以日本山九株式会社在物流仓储领域的 RFID 应用为例，贴在货架、托盘或植入货物上的 RFID 电子标签记录了货物的种类和数量，如图 6-10 所示。

货品出入库　　　　　　　　　　　　　　　　　　货品通过RFID读写器

图 6-10　日本山九株式会社在物流仓储领域的 RFID 应用场景

　　由于每次进出仓库的货物种类繁多，因此当货物通过 RFID 阅读器(读写闸机)时，一次读取不同货物的信息，可以大大加快货物进出仓库的速度。

　　自动装卸装置将货物放在货架上，通过 RFID 阅读器读取数据并显示在显示屏上，如图 6-11 所示。

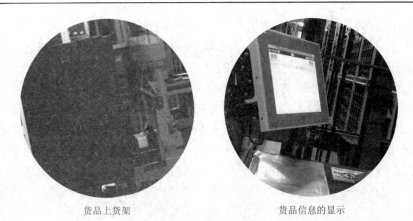

货品上货架　　　　　　　　　　货品信息的显示

图 6-11　货品上货架和信息显示的场景

从图 6-11 可以看到，RFID 技术应用于生产线上的货物标记和物流出入库、货物上架和下架等场景时，可提高效率，减少人工成本。

6.3.3　智能盘点

RFID 技术在生产中的货物盘点的应用实例有富士康的智能仓储系统。富士康在仓储系统中采用了 RFID 技术，可以将原来手工统计的货物和物料变为 RFID 设备的自动、快速的统计，如图 6-12 所示。

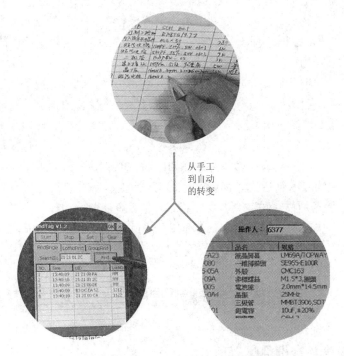

从手工
到自动
的转变

图 6-12　富士康仓储系统中的智能货物盘点

RFID 在物流领域的具体应用包括：货物进出仓库记录、货物的实时流向和补充、货物信息的存储和货物快速识别。货物进出仓库记录的功能是当有电子标签的货物到达相应位置时，安装在该位置的阅读器可以自动读取 RFID 电子标签，并从电子标签中读取货物库存信息和相应的订单信息，省去了繁琐检验、记录、清点等传统工作，实现货物进出仓库的快速记录。货物实时流向和补充的功能是通过 RFID 阅读器采集货物进出的信息，然后传送到中央管理系统，中央管理系统可以实时获取货物的流向信息和位置。通过数据分析，中央管理系统获取不同地点的缺货信息，发出指令将货物运到正确的地点，并更新库存信息，从而实时补充适当数量的货物。在补货时如果货物放错位置，RFID 阅读器可以读出错放货物的电子标签信息，向中央管理系统报告，并发出指令，将货物放在正确的位置。商品信息存储的功能是指通过 RFID 系统存储货物的运输信息、商场内的商品信息、库存信息，并上报给信息处理中心，信息处理中心集发货、出库、物流、检验、销售于一体，提高了效率。货物快速识别功能是指在货物运输过程中，利用 RFID 技术在货物中嵌入电子标签，可以实现货物运输的高度自动化识别和跟踪。当货物需要出库时，卡车所在地的货物不需要卸货或打开，而是在装有阅读器的闸门处直接标识。阅读器无须扫描就可以自动读取商品电子标签上的信息，并能将发货信息和物流信息发送给零售商和客户进行实时查看。

在货物仓储过程中，RFID 技术可以直接用于货物盘点，实现货物入库和出库操作的自动化。另外，如果将 RFID 技术与货源信息相连接，可以实时跟踪货物的拣货、物流和收货信息，提高货物配送的准确性，提高货物配送速度，降低人员成本，减少配送差错、物流配送过程中的损坏和损耗，简化货物跟踪和流向的管理模式。在货物配送过程中，RFID 技术可以加快配送速度，提高货物拣选配送过程的效率和准确性，降低配送成本，从而实现对货物仓储的精确管理和对货物配送的实时管理。

商品生产后经过物流，它们可以到达销售中心进行销售。超市是一个重要的产品销售场所，RFID 技术在超市中也占有一席之地。目前，超市管理和运营中存在的问题包括：绝大多数超市信息管理是由人工来完成的，需要处理大量的仓库信息，需要每天更新商品信息，对商品进行一定的数据分析。以阿里巴巴的无人超市为例，利用 RFID 等自动识别技术可以达到以下效果：帮助超市员工提高工作效率；使超市商品变得数据化、具体化，便于后续操作；可以利用大量的数据分析软件来指导超市的决策，提高超市的管理水平。无人超市的主要技术包括 RFID 技术和数据库技术。在该系统中，自动设备通过快速采集和输入 RFID 数据，大大节省了人工时间；通过数据库对 RFID 输入数据进行存储和合理计算。RFID 技术在无人超市系统中的应用包括：将商品贴上 RFID 标签(厂家生产时已经贴好标签，不会浪费人力时间)；用阅读器扫描，知道有多少件商品，是否有遗漏；阅读器可以连接到网络上，并且读取的数据将直接保存在数据库中，这样每天的进货量和发货量都非常清晰，也便于仓库人员计算。

6.4　RFID 在金融和信息安全领域的应用

6.4.1　电子钱包及身份信息存储

目前，电子钱包已逐渐成为一种便捷、多功能的支付工具。普通的电子钱包是一种带芯片的 RFID 卡，它的功能包括传统钱包中存储的信用卡、电话卡、公交卡和会员卡。各种传统卡的功能可以集成在一张卡上。RFID 卡具有容量大、使用方便、安全可靠等特点。对于其他重要的与身份认证有关的证件，如身份证、护照、驾照、员工卡等，RFID 技术可以大大提高安全性。防伪性高、使用寿命长无疑是一些重要证件的要求，RFID 电子标签在防伪和安全验证方面具有无可比拟的优势。

　　身份信息存储是 RFID 的重要应用，图 6-13 显示了 RFID 技术在存储重要身份信息方面的应用场景。

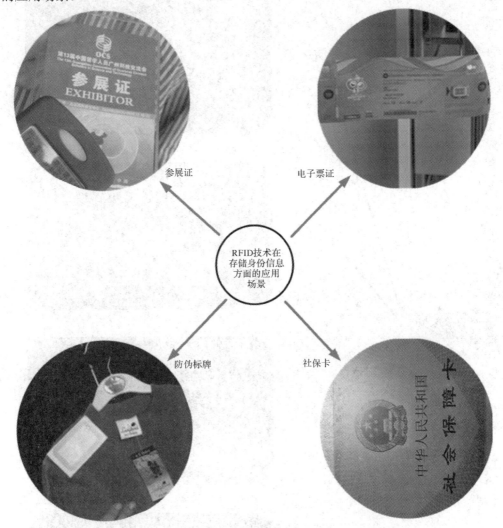

图 6-13　RFID 技术在存储身份信息方面的应用场景

　　社会保险和商业保险也属于金融范畴。现有的社会保险涉及就业、工资、医疗、住房、失业救济等多个方面。不同的业务由不同的部门管理，每个部门都用自己的卡或其他载体记录信息，内容太多，用户使用不方便。因此，一张大容量的 RFID 卡可以将各类社会保险和商业保险业务集中在一张卡上，方便携带和共享各部门的数据。因为 RFID 卡的容量足够大，所以可以将社保、商业保险的用户信息进一步整合到银行卡中，利用现有银行的ATM 等设施使用，这有助于减少冗余建设，使之成为一套完整的集保险业务和金融业务于一体的 RFID 卡专用系统。

6.4.2　信息安全

随着网络购物的兴起，网上交易的安全性和身份识别的有效性受到了人们的关注。对于银行卡、购物卡、会员卡等具有价值属性的各类卡也采用了 RFID 技术，如图 6-14 所示。

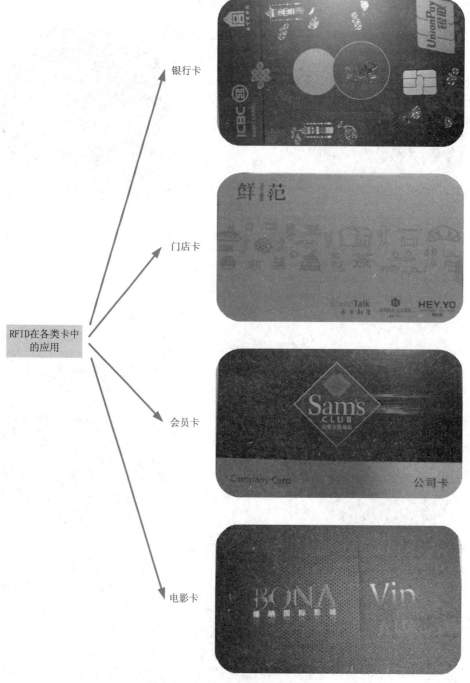

图 6-14　RFID 在各类卡中的应用

图 6-14 是 RFID 在一些常见的卡中的应用,这些卡具有价值属性,因此需要借助 RFID 技术来提升信息安全。另一方面,数字签名在支付机构、银行、政府部门、企业等机构中发挥着重要作用,将密钥和数字证书存储在 RFID 卡中,可以防止黑客通过嵌入病毒窃取用户的私钥,防止具有非法身份的用户进行非法交易。因此,它有助于提高网络交易和身份识别的安全性。

习 题

一、填空题

1. _____技术是连接智能交通和物联网的桥梁。

2. _____系统的建立在数据采集方面比传统的交通监控数据采集方法具有更多的优势。

3. _____是一种自动收费方式,它利用专用短程微波通信技术自动识别车辆,并采用电子支付方式自动完成车辆通行费的扣除。

4. 条形码打印到书中后不能更改,而_____嵌入书后可以随时修改。

5. RFID 本质上是一种非接触式的_____,它可以在不接触的情况下获取相关数据。

6. RFID 可以同时识别_____物体和多个嵌入电子标签的物体。

7. 物联网 RFID 在制造业中的作用主要体现在它能够实现产品生产过程的_____。

8. RFID 在物流领域的具体应用场景包括:_____、_____、货物信息的存储和货物快速识别。

9. 无人超市涉及的主要技术包括_____和_____。

10. RFID 卡具有_____、_____、_____等特点。

二、简述题

1. 阐述 RFID 在交通领域中的应用。

2. RFID 技术在交通领域的主要应用和功能有哪些?

3. 传统交通管理面临的困难和问题有哪些? RFID 技术是如何解决这些难题的?

4. RFID 系统在航空领域的应用场景有哪些?

5. RFID 技术近年来逐渐被引入大型超市的结算系统,它的优势有哪些?

6. 校园里有哪些地方应用了 RFID 技术? 请具体举例说明。

7. 与传统的条形码技术相比,RFID 技术在图书馆管理中的优势有哪些?

8. 举例说明 RFID 在生产中的应用。

专题7　基于 Proteus 的射频门禁卡模拟仿真系统

 本章重点

◇　射频门禁卡模拟仿真的功能分析
◇　相关功能模块的选取
◇　芯片及功能模块的引脚图
◇　Protues 的使用
◇　Keil C 的编程

专题 7 知识能力素质目标

 本章难点

◇　射频门禁卡的电路仿真
◇　射频门禁卡的功能实现
◇　系统功能测试
◇　编写特定功能的代码

专题 7 的授课视频

7.1　应用场景说明

7.1.1　应用场景

我们进出小区需要刷门禁卡，门禁卡内置有 RFID 电子标签。门禁系统可简化为一种 RFID 的读卡装置，通过识别电子标签的信息以识别用户身份信息，自动控制小区大门的机械装置以实现开门和关门的操作。通过 RFID 技术，可以验证射频门禁卡的合法性，控制电子门锁的开启以及管理用户的信息。

在日常家居和企业的门禁系统中的实际功能需求包括：刷卡开门、自动报警、远程控制、定时和时间设置、通信功能、实时监控、用户信息修改、存储、验证等。

7.1.2　任务说明

本实操项目是仿真项目，对实际的门禁系统进行了简化。实操项目的具体要求如下：
(1) 用 Proteus 仿真 RFID 的刷卡过程，用输入密码的方式模拟和代替刷卡的过程。
(2) 画出电路图和编写程序。
具体指标：

(1) 用户初始信息是 000000(以初始密码替代)。

(2) 有清除按键，可清除输错的密码。

(3) 刷卡时与用户信息进行匹配(用密码匹对来替代)。

(4) 允许错误 5 次，超过 5 次会锁屏 1 分钟。

(5) 可以更新和修改用户信息(用重置密码来替代)。

(6) 液晶屏滚动显示提示信息。

7.2　项目实现和测试

7.2.1　元器件选取

由于控制系统的需要，可选用 51 单片机，如 AT89C51。AT89C51 是一款低电压、高性能的 8 位 MCU，具有 4 K 字节闪存。AT89C51 单片机主要特点包括：1000 次写入/擦除周期，10 年的数据保留时间，32 条可编程 I/O 线。因此，AT89C51 可以满足设计要求。刷卡信息显示选用 LM016L 液晶显示器。LM016L 具有字符移动功能，通过并行传输与单片机通信。它可以用来显示卡片信息，也可以用来显示按键的输入信息。此外，Microchip 的 24C04A 芯片用作为存储器，这是一种 4 K 位可擦除存储器。另外，由于本训练项目是 Proteus 仿真，刷卡的信息用按键输入来替代。

7.2.2　Proteus 选取相应的模块

单片机 AT89C51 模块的引脚图如图 7-1 所示。

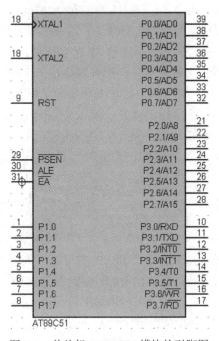

图 7-1　单片机 AT89C51 模块的引脚图

在图 7-1 的引脚图中，Proteus 仿真中的 AT89C51 共有 38 个引脚，其中电源引脚为 VCC、VSS，时钟引脚为 XTAL1、XTAL2，控制引脚为 PSEN、EA、ALE、RST，I/O 端口为 P0、P1、P2、P3，每个端口有 8 个引脚。VCC 引脚接 5V 电源，VSS 引脚接地，XTAL1 和 XTAL2 引脚连接晶体或晶体振荡器，RST 引脚连接复位电路。ALE 引脚的第一个功能是允许地址锁存，第二个功能是编程脉冲输入。PSEN 是从外部程序存储器读取选通信号的管脚，可以驱动 8 个 LS 型 TTL 负载。EA 引脚的第一个功能是选择和控制内部和外部程序存储器。高电平是访问片上程序存储器，而低电平是访问外部程序存储器。EA 引脚的第二个功能是应用编程电压。

在 AT89C51 的四个 I/O 端口中，P0 是双向 8 位三态 I/O 端口、地址总线(低 8 位)和数据总线分时复用端口，可驱动 8 个 LS 型 TTL 负载。P1 是一个 8 位准双向 I/O 端口，可以驱动四个 LS 型 TTL 负载。P2 是一个 8 位准双向 I/O 端口，与地址总线(高 8 位)多路复用，可驱动 4 个 LS 型 TTL 负载。P3 是一个 8 位准双向 I/O 端口和双功能多路复用端口，可驱动四个 LS 型 TTL 负载。

液晶显示器模块的引脚图如图 7-2 所示。

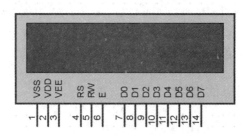

图 7-2　液晶显示器模块的引脚图

图 7-2 中的液晶显示器模块型号是 LM016L，该液晶显示器共有 14 个管脚，对应的物理对象为 LCD1602。LCD1602 是一个可显示 32 个字符的阵列式 LCD 模块。显示的字符包括字母、数字、符号等。每个点阵字符位都可以显示一个字符。每个点之间和每行之间都有一个间隔，32 个字符显示为两行，每行 16 个字符。LCD1602 有 16 个管脚，LM016L 有 14 个管脚。这两个额外的管脚用于背光，模拟中不使用，因此不会显示。其中，第一脚 GND 为电源地，第二脚 VCC 用于连接 5 V 电源正极，第三脚为 LCD 对比度调节端子。当连接到正电源时，对比度最弱，当电源接地时，对比度最高。第四个引脚 RS 为寄存器选择，数据寄存器为高电平 1，指令寄存器为低电平 0。第五个引脚 RW 是读写信号线，用于高电平读取和低电平写入。第六个管脚 E 是使能端，在高位读取信息，在负跳时执行指令。7-14 引脚 D0～D7 是 8 位双向数据终端。

24C04A 芯片模块的引脚图如图 7-3 所示。图 7-3 中的 24C04 芯片由两个或四个 256×8 位内存块组成，具有标准的二线串行接口和 8B 的页面写入能力。24C04 支持双向双线总线和数据传输协议。如果设备向总线传输数据，则设备定义为发送器，如果设备接收数据，则设备定义为接收器。总线由一个主设备控制，主设备产生一个串行时钟，控制总线访问，并产生启动和停止条件。24C04A 采用低功耗 CMOS 工艺，具有硬件写保护功能。它有一个两线串行接口总线和一个 16 字节的页面写入缓冲区。SDA 管脚的功能描述如下：SDA

管脚是一个串行地址/数据输入/输出终端，是一个双向传输终端，用于向设备传送地址和数据或从设备发送数据。对于一般数据传输，仅当 SCL 较低时才允许 SDA 改变。在 SCL 高电平期间，SDA 的变化是为启动和停止条件保留的。WP 连接到 VSS 或 VCC。如果连接到 VSS，则为启用常规内存操作；如果连接到 VCC，则为禁止写入操作。整个内存是写保护的，读操作不受影响。此电路的 WP 端子接地，即用于启用一般存储器操作。SDA 是一个串行地址/数据输入/输出端口。它是一个双向传输终端。它用于将地址和数据传入或传出设备。只有当 SCL 较低时，SDA 才允许改变。SCK 引脚是 I2C 时钟信号引脚。

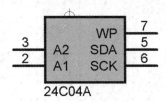

图 7-3　24C04A 芯片模块的引脚图

按键电路选用 16 个按键组成的按键阵列，如图 7-4 所示。

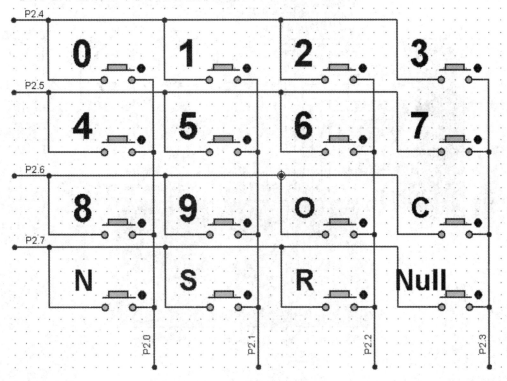

图 7-4　按键电路图

　　图 7-4 的按键电路图一共包含 16 个按键，其中，0~9 为 10 个数字键，O 为开锁键(模拟刷卡开锁)，C 为清除键，N 为新增密码键，S 为存储键，R 为重新输入键。

7.2.3　电路设计

　　根据前面的各个功能模块的功能和连接分析，完整的 Proteus 电路如图 7-5 所示。

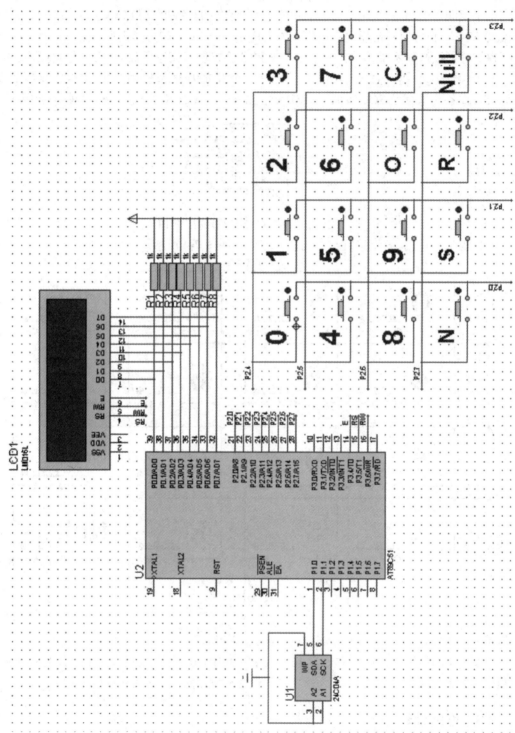

图7-5 系统整体电路图

在图 7-5 的 Proteus 电路图中植入程序文件即可进行仿真和功能测试。

7.2.4　建立软件项目

首先新建一个"项目 1"的文件夹，然后在文件夹中新建几个.txt 后缀的文本文档，一个是编写主函数，其他是各个模块的函数(亦可只写成一个代码文档)。然后把文档的 .txt 的后缀名改为.c，如图 7-6 所示。

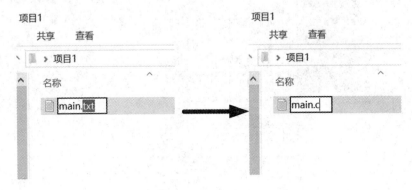

图 7-6　新建 .c 文件

然后打开 Keil uVision，并新建一个工程项目，具体操作方式：Project→New uVision Project，并将其保存在对应的文件夹中，命名为"RFID 仿真项目"，如图 7-7 所示。

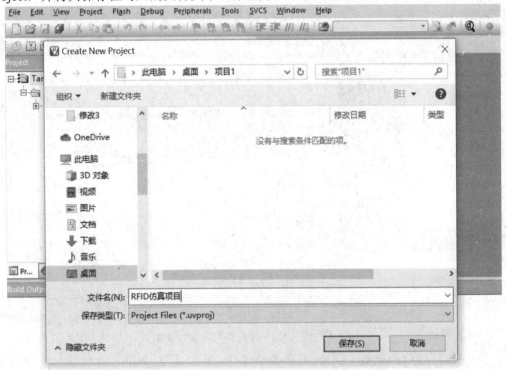

图 7-7　建立仿真项目

接着在 Atmel 中展开列表，如图 7-8 所示。

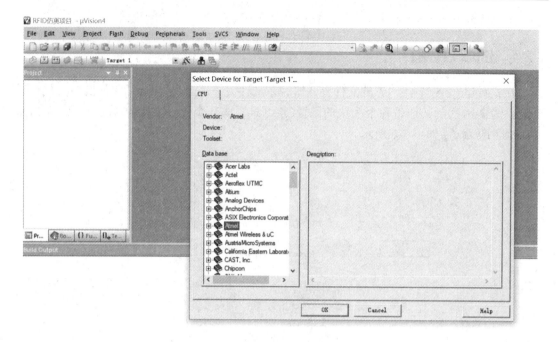

图 7-8　在 Atmel 中展开列表

选取对应的单片机型号 **AT89C51**，如图 7-9 所示。

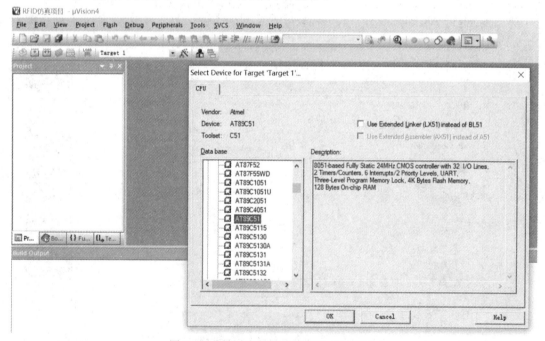

图 7-9　选取对应的单片机型号 AT89C51

展开窗口左侧的 Target 1 项目，右击 Source Group 1，选取"Add Files to Group 'Source Group 1'"，把相应的程序文档加进去即可，如图 7-10 所示。

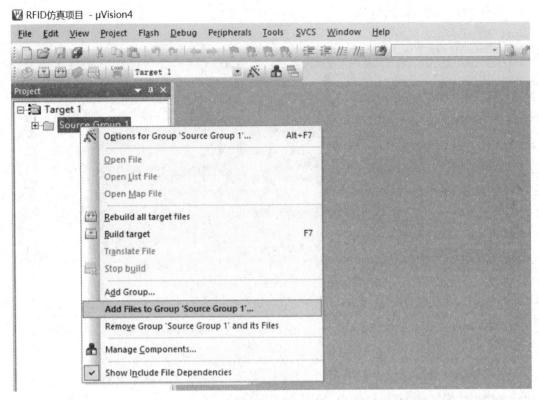

图 7-10　在项目中添加程序文档

为了可以生成 hex 文件，需要进行相关的设置。右击左侧的"Target1"，选取"Options for Target1'…"，如图 7-11 所示。

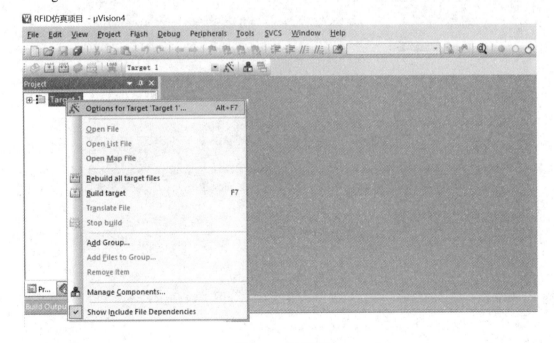

图 7-11　项目设置

单击"Output"按钮，然后勾选"Create HEX File"，如图 7-12 所示。

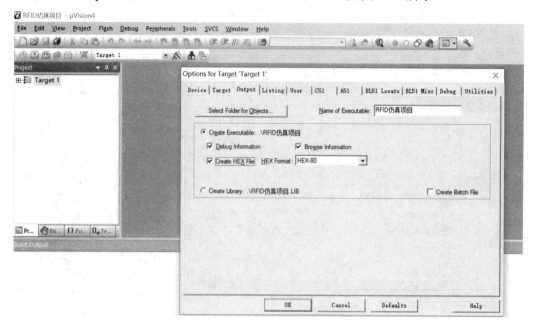

图 7-12　生成 .hex 文件的设置

单击"OK"键后，然后写入正确的代码，按 F7 键或者软件界面上的"Build"按钮，如没有错误，则显示"0 Error(s)"，如图 7-13 所示。

图 7-13　项目编译

如果没有编译的错误，可以生成 .hex 的文件，如图 7-14 所示。

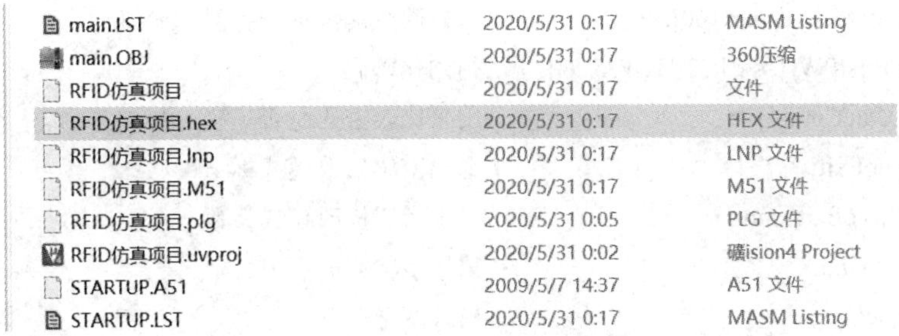

📄 main.LST	2020/5/31 0:17	MASM Listing
🗜️ main.OBJ	2020/5/31 0:17	360压缩
📄 RFID仿真项目	2020/5/31 0:17	文件
📄 RFID仿真项目.hex	2020/5/31 0:17	HEX 文件
📄 RFID仿真项目.lnp	2020/5/31 0:17	LNP 文件
📄 RFID仿真项目.M51	2020/5/31 0:17	M51 文件
📄 RFID仿真项目.plg	2020/5/31 0:05	PLG 文件
📄 RFID仿真项目.uvproj	2020/5/31 0:02	礦ision4 Project
📄 STARTUP.A51	2009/5/7 14:37	A51 文件
📄 STARTUP.LST	2020/5/31 0:17	MASM Listing

图 7-14　.hex 文件的生成

在图 7-14 中生成正确的 .hex 文件后，即可用于电路仿真中的功能测试。

7.2.5　项目代码

由于用到按键阵列、LCD 显示和 24C04A 芯片，因此，应分别写出针对按键阵列、LCD 显示和 24C04A 芯片的子函数，然后主函数调用这些子函数。由于按键阵列函数、LCD 显示函数和 24C04A 的函数比较常规，可以在网络和相关书籍上查询，因此不详述这些子函数的代码。

下面列出了主函数的代码，由于同样的功能可以有不同的代码实现，所以列举一个学生提交的该实操项目的代码进行如下分析：

```
#include "main.h"
uchar j=0;
uchar ucDataaddress;
uchar ucCalltime;                              //呼叫倒计时
unsigned char ucMesflag;
uchar keyvalue;                                //键盘值
uchar ucStrset;                                //用于地址的变换
uchar ucCountN;                                //定时器中的计数变量，液晶屏滚动
uchar LCDstart;                                //用于标记液晶屏刚开始显示停顿时间
uchar LCDstop;                                 //用于标记液晶屏显示末尾的停顿时间
uchar ucCharset =5;                            //密码输入是 '*' 号显示位置设定
uchar ucFloorcharset = 3;                      //楼层信息
uchar PW;                                      //密码校验比较结果：1：密码正确  0：密码错误
uchar ucAddr;                                  //数字输入次数的计算
uchar ucIndex;                                 //清除输入内容索引
uchar DoorCal;                                 //开关门状态显示的计数
uchar DoorCaldown;                             //开门后关门的倒计时
uchar ucModeflag;                              //运行模式标记
                                               //切换显示内容后重新设置地址标记
uchar ucWait, ucChangePW, ucCall;
uchar   idata daojishi[]={'0','0','1','2','3','4','5','6','7','8','9'};        //倒计时显示
```

```
uchar idata diyihang[100];              //可修改液晶屏第一行显示的值
uchar FirstPW[] = {'1','2','3','4','5','6'};   //初始化密码
uchar   ucCmp[6];                       //用来比较密码是否正确，共 6 位
uchar ucExit;                           //退出密码修改模式标记
uchar   ucExitcount;                    //退出密码修改模式计数
uchar diyibu;                           //第一步骤完成标记
uchar ucOpe;                            //模式变量


/*      密码输入函数              */
uchar PWinput(uchar *pEnterBuf)
{
    //判断输入是否为数字，是数字则处理，不是或如果门为打开状态则不做处理
    if(shuzi && OPEN)
    {
        //将输入密码保存到用来比较的数组
        pEnterBuf[ucAddr] = keyvalue;
        ucAddr ++;

        //有按键按下等待操作计数清零
        ucOpe = 0;

        //密码显示为 '*' 号
        LCD_Write_Char(ucCharset,1,'*');
        ucCharset ++;
    }
    //如果输入密码后按下重新输入键则重新输入
    if(keyvalue == esc)
    {
        LCD_Write_String(0,1,"                ");
        ucCharset = 5;
        ucAddr = 0;
    }

    //按下开锁键后开始比较输入密码是否为系统密码
    if(keyvalue == kai || keyvalue==baoc)
    {
        //有按键按下等待操作计数清零
        ucOpe = 0;
```

```
            //复位 '*' 号显示位置
            ucCharset = 5;

            //判断长度是否为 6 位
            if(strlen(pEnterBuf) == 6)
            {
                ucAddr = 0;
                return 1;
            }
            else
            {
                j++;
                LCD_Write_String(1,1,"Wrong PWD!   ");          //密码长度错误
                LCD_Write_Data(0x30+j);
                DelayMs(1000);
                LCD_Clear();
                if(j==3)
                {
                    j=0;
                    LCD_Write_String(1,1,"Wrong user");
                    DelayMs(1500);
                    LCD_Write_String(1,1,"              ");
                }
            }

        }
    return 0;
}


/*       密码验证函数              */
ucharPWcmp(uchar *SystemPW, uchar *UserPW )
{
    //ucStrcmp 用来标记输入密码与系统密码是否一致
    uchar ucStrcmp;
    if(PWinput(UserPW))
    {
        ucStrcmp = strcmp(UserPW, SystemPW);

                                    //判断输入内容与系统密码是否一致
```

```
        if(ucStrcmp)                        //ucStrcmp 为真则表示密码错误
        {
            j++;
            LCD_Write_String(1,1,"Wrong PWD!   ");    //密码输入错误
            LCD_Write_Data(0x30+j);
            DelayMs(1000);
            LCD_Clear();
             if(j==3)
             {
                 j=0;
                 LCD_Write_String(1,1,"Wrong user");
                 DelayMs(1500);
                 LCD_Write_String(1,1,"                ");
             }
        }
        else
        {
            return 1;                        //密码正确 返回 1
        }
    }
    return    0;
}


/*                              //等待输入函数                          */
void WaitEnter()
{
    //清除密码修改步骤，下次进入修改密码重新第一步骤开始
    diyibu = 0;
    if(!ucWait)                              //只更新一次
    {
        ucCharset = 5;          //为防止之前输入没清零从而出现错误，复位密码显示地址
        ucAddr = 0;                          //复位密码存储地址
        strcpy(diyihang,"Please Input PWD!");    //更新显示内容
        ucStrset = 0;                        //显示位置复位
        LCDstart = 0;
                                             //标记为字符串首字母
    }
    ucWait = 1;                              //获取密码校验结果
    ucChangePW = 0;
```

```
        PW =PWcmp(FirstPW,ucCmp);

        //如果密码正确，清除输入内容，液晶屏显示门打开
        if(PW)
        {
                //门打开后给关门倒计时赋值 10 s
                DoorCaldown = 11;
                for(ucIndex=0; ucIndex<6; ucIndex ++)
                {
                        ucCmp[ucIndex] = '0';
                }
                OPEN = 0;
                CLOSE = 1;
                LCD_Write_String(1,1,"Door opened!");
        }


        //按下关门键模拟手动关门
        if(keyvalue == guan)
        {
                ucAddr = 0;
                OPEN = 1;
                CLOSE = 0;
                LCD_Write_String(1,1,"Door locked!");
                DelayMs(1000);
                LCD_Clear();
        }
}
/*                      密码修改函数  */
void PWchange()
{
        //按下修改密码，立即更新显示，提示输入旧密码
        if(!ucChangePW)                 //只更新一次
        {
                ucCharset = 5;          //为防止之前输入没清零从而出现错误，复位密码显示地址
                ucAddr = 0;             //复位密码存储地址
                strcpy(diyihang,"Old PWD:"); //更新显示内容
                LCD_Write_String(0,1," ");
                ucStrset = 0;           //显示位置复位
                LCDstart = 0;           //标记为字符串首字母
```

```
    }
    ucChangePW = 1;
    ucWait = 0;


    //如果输入时按下取消键则重新输入
    if((keyvalue == esc) && ucCharset>5)
    {
        LCD_Write_String(0,1," ");
        ucCharset = 5;
        ucAddr = 0;
    }
    else if(keyvalue == esc)        //没有输入按下取消键，则相关操作复位，工作模式切换为等
                                    待用户输入模式
    {
        ucExit = 0;
        ucExitcount = 0;
        ucModeflag = MODE_user;
    }


    //步骤二，等待用户输入新密码，输入 6 位新密码后
    //提示密码修改成功，不足 6 位则提示长度错误
    //并置自动退出密码修改模式标记为 1
    if(diyibu   == 1)
    {
        if(PWinput(FirstPW))
        {
            strcpy(diyihang,"PWD saved!");        //更新显示内容
            LCD_Write_String(0,1,"        ");
            ucExit = 1;
            ISendStr(0xae,0,FirstPW,6);           //新密码写入 24c02
            DelayMs(200);
        }
    }


    //步骤一  如果输入旧密码正确则提示输入新密码，
    //否则提示密码输入错误或密码长度错误，并第一
    //步骤完成标记为 1，进入第二步骤
    if(diyibu == 0)
    {
```

```
            if(CheckPassword(FirstPW,ucCmp))
            {
                    strcpy(diyihang,"New PWD： ");              //更新显示内容
                    LCD_Write_String(0,1,"        ");
                    diyibu = 1;
            }
            else
            {
                    diyibu   = 0;
            }
      }
}


/*    呼叫用户函数   */
void CallHouseholds()
{
      if(!ucCall)
      {
            ucFloorcharset = 6;     //为防止之前输入没清零从而出现错误，复位密码显示地址
            ucDataaddress = 0;            //复位密码存储地址
            strcpy(diyihang,"Enter!");   //更新显示内容
            ucStrset = 0;
            //显示位置复位
            LCDstart = 0;
      }

      ucCall = 1;
      if((shuzi) && !ucMesflag)
      {
            //有按键按下等待操作计数清零
            ucOpe = 0;
            //显示输入楼层
            LCD_Write_Char(ucFloorcharset,1,keyvalue);
            ucFloorcharset ++;
      }
      //如果输入时按下取消键则重新输入
       if(keyvalue == esc)                 //没输入时按取消，则直接退出呼叫模式
      {
            LCD_Write_String(0,1,"          ");
```

```
                ucModeflag = MODE_user;
            }
        if(keyvalue==kai)
            {
                ucMesflag = 1;          //呼叫消息标记
                LCD_Write_String(2,1,"Door opened!");
                DelayMs(1000);
                LCD_Write_String(0,1,"          ");
                ucModeflag = MODE_user;


            }
    }


/*    清除液晶屏提示消息显示  */
void ClearStateDis(void)
{
    //如果有关门倒计时就显示当前倒计时时间
    if((DoorCaldown > 1) && !OPEN)
        {
            LCD_Write_Char(15,1,daojishi[DoorCaldown - 1]);
            //在执行错误提示时计数清零
            ucOpe = 0;
        }
    //当倒计时时间到1s，清除液晶屏开门显示，密码输入复位，密码显示复位
    if((DoorCaldown == 1) && !OPEN)
        {
            LCD_Write_String(0,1,"     ");
            ucCharset = 5;
            ucAddr = 0;
            OPEN = 1;
            CLOSE = 0;
        }
    }


void main(void)
    {
    LCD_Init();                     //液晶屏初始化
    Init_Timer0();                  //定时器初始化
    CLOSE = 0;                      //默认门为关闭
```

```
ucModeflag = MODE_user;              //开机默认为等待输入密码模式

IRcvStr(0xae,0,FirstPW,6);           //从 EEPROM 中读取密码
while(1)
{
    //滚动显示欢迎语
    LCD_Write_String(0,0,diyihang + ucStrset);

    //将输入信息保存到 ucKeyvalue
    keyvalue = KeyPro();

    //按下修改密码，设定为修改密码模式
    if(keyvalue == gmima)
    {
        ucModeflag = MODE_gmima;
    }

    //按下呼叫键，设定为呼叫模式
    if(keyvalue == call)
    {
        ucModeflag = MODE_CALL;
    }

    switch(ucModeflag)
    {
        case MODE_user:              //当前为等待用户输入模式
        {
            ucOpe = 0;
            WaitEnter();             //调用等待输入函数
        }
        break;

        case MODE_gmima:             //修改密码模式
        {
            PWchange();
        }
        break;

        case MODE_CALL :             //呼叫模式
```

```
                    {
                        ucWait = 0;
                        ucChangePW = 0;
                        CallHouseholds();
                    }
                    break;

                    default : break;
                }

                ClearStateDis();
            }
        }

/*    定时器中断子程序    */
void Timer0_isr(void) interrupt 1
{
        TH0=0x3c;                        //高位送值
        TL0=0xaf;                        //低位送值

        ucCountN ++;

        //如果当前模式为修改密码或呼叫
        //当用户长时间没操作时，则会自动切换回等待输入模式
        //通过改变 NO_OPERA_WAIT_TIME 值能改变等待时间，
        //默认为 10 s
        if(ucModeflag == MODE_gmima)
        {
            if(ucModeflag != MODE_user)        //如果为等待模式则不需要计数并清零变量
            {
                ucOpe ++;
                if(ucOpe > wucaoz)             //无操作时等待 10 s 后切换为等待输入模式
                {
                    ucModeflag = MODE_user;
                }
            }
            else
            {
                ucOpe = 0;
```

```
        }
    }

//退出密码模式标记为 1
//启动退出计数
if(ucExit)
{
    ucExitcount ++;
    if(ucExitcount == 120)
    {
        ucExit = 0;
        ucExitcount = 0;
        ucModeflag = MODE_user;
    }
}
else
{
    ucExitcount = 0;
}
//如果是开门状态则开始计时 1 s 对应倒计时变量减 1
if(!OPEN)
{
    DoorCal ++;
    if(DoorCal == 20)
    {
        DoorCal = 0;
        DoorCaldown --;
    }
}
else
{
    DoorCal = 0;
    DoorCaldown = 0;
}

//*******************************
//液晶屏显示刚开始时的停顿时间
//改变 ucCountN 值可以改变停顿时间
//*******************************
```

```
        if((ucCountN == 20) && !LCDstart)            //字符开始，停顿 1.5 s 后开始滚动显示
        {
            ucCountN = 0;
            LCDstart = 1;
        }


    //*******************************
    //液晶屏显示末尾时的停顿时间
    //改变 ucCountN 值可以改变停顿时间
    //*******************************
        if((ucCountN == 20) && LCDstop)              //如果字符串到末尾，并且大概计数 1.5 s 后清除标
                                                     记，并开始新的滚动显示
        {
            ucCountN = 0;
            LCDstart = 0;
            ucStrset = 0;
            LCDstop = 0;
        }


    //*******************************
    //液晶屏滚动速度的实现
    //改变 ucCountN 值可以改变停顿时间
    //*******************************
        if((ucCountN == 8) && LCDstart && !LCDstop)  //不是字符串头、尾时
        {
            ucCountN = 0;
            if(strlen(diyihang) > 16)
            {
                ucStrset ++;                         //滚动地址标记
                if(ucStrset == strlen(diyihang) - 16)   //字符串全部滚动完
                {
                    LCDstop = 1;                     //字符串到末尾的标记
                }
            }
        }
    }
```

从学生项目实操的代码看，通过主函数调用了所需的按键阵列函数、LCD 显示函数和 24C04A 芯片的子函数，并且可以实现项目实操中的功能。

7.2.6　项目实现及仿真测试结果

编程完成并生成 hex 文件后，需要导入 Proteus 电路图中才能进行测试。回到 Proteus 的电路图，双击 AT89C51 单片机，弹出对话框，如图 7-15 所示。

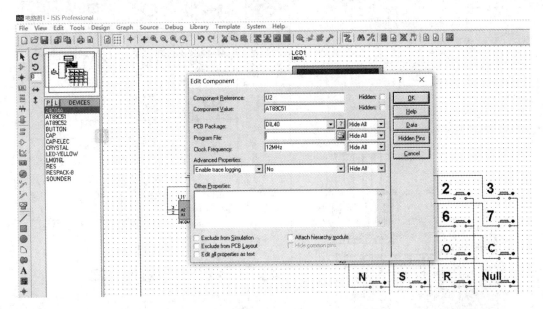

图 7-15　Proteus 中导入 .hex 文件的界面

在 Program File 中选取"RFID 仿真项目.hex"，如图 7-16 所示。

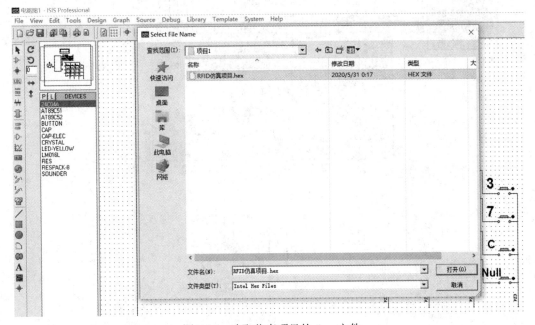

图 7-16　选取仿真项目的 .hex 文件

　　然后保存，即可完成整个电路图、代码的设计和程序加载。接着进行功能测试和验证，运行后在 LCD 屏上显示楼号和提示刷卡等信息，如图 7-17 所示。

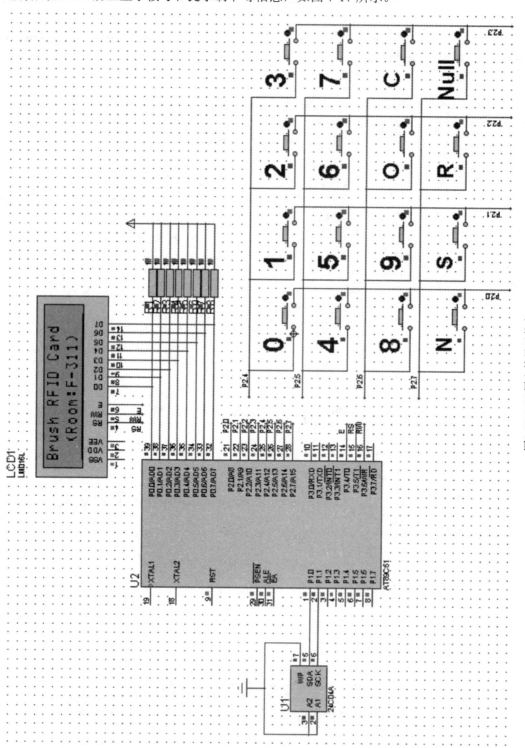

图7-17 LCD屏上的显示信息

　　然后进行刷卡，由于是仿真，用密码输入信息代替刷卡获取用户身份信息，系统设置的默认密码为"000000"，输入时的界面显示如图 7-18 所示。

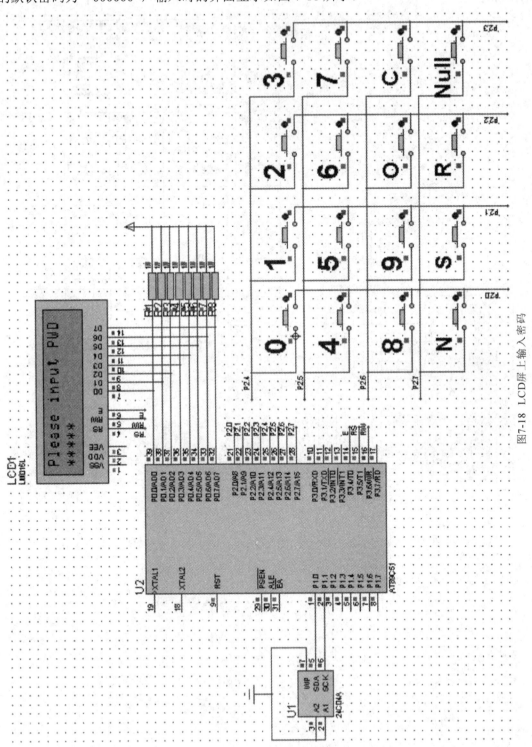

图7-18　LCD屏上输入密码

　　如果输入出错，可按"C"键进行清屏，正确获取用户信息后，门即可打开，如图 7-19
所示。

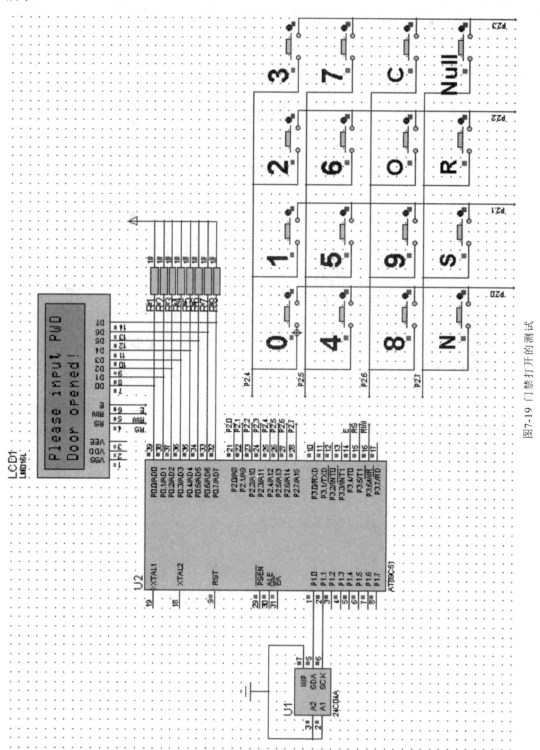

图7-19 门禁打开的测试

如身份信息验证不通过，则门打不开，如图 7-20 所示。

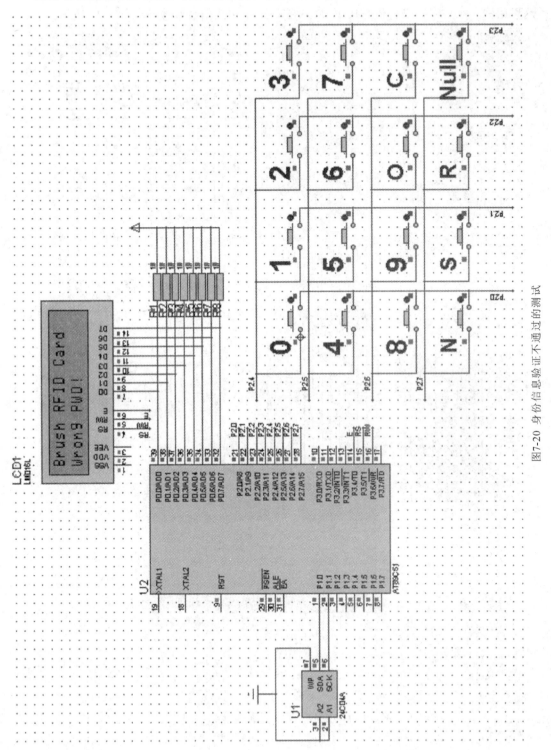

图7-20 身份信息验证不通过的测试

　　在用户信息验证通过的情况下，可以进一步修改用户信息或者增加一张新的 RFID 卡，这里用修改账户密码来替代，按下"N"键，进行用户信息修改，如图 7-21 所示。

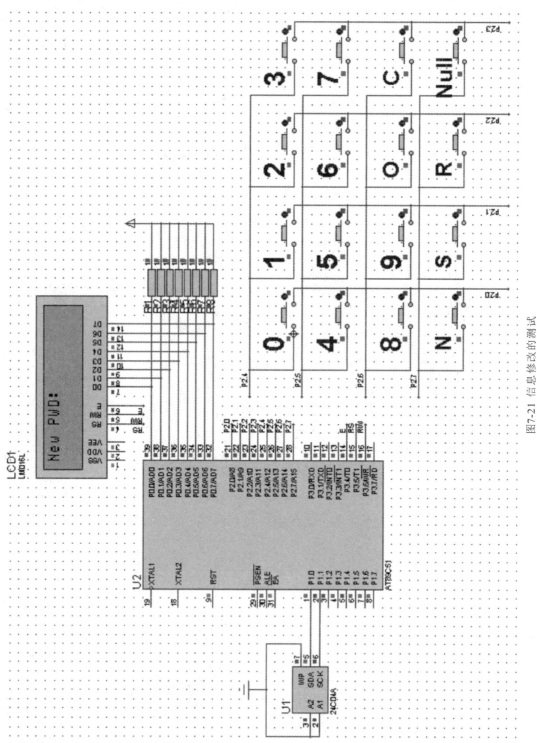

图7-21 信息修改的测试

完成图 7-21 中的信息修改后，然后设置和输入新的用户信息(图 7-22)，然后按"S"键进行存储(图 7-23)。

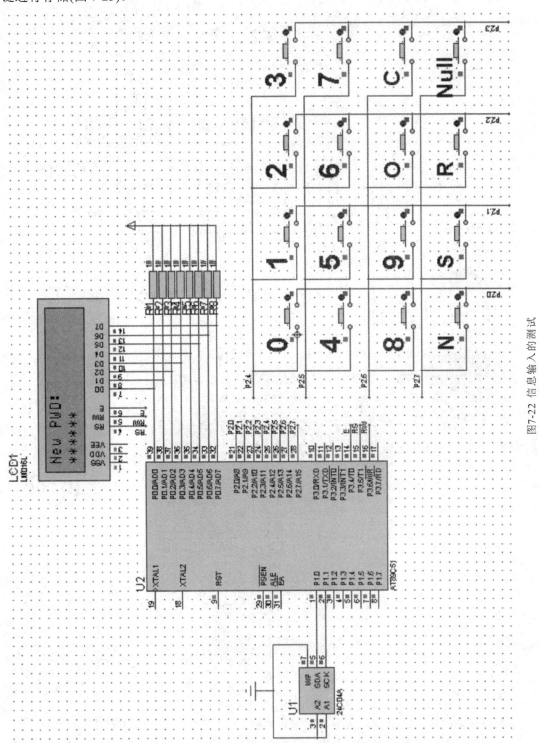

图7-22 信息输入的测试

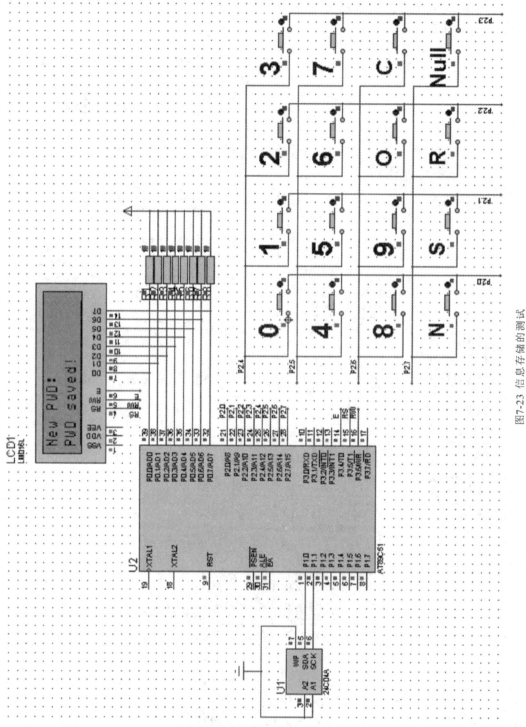

图 7-23 信息存储的测试

如需重新验证用户信息，按下"R"键即可。

本专题通过门禁系统的功能分析、器件选取、电路涉及、代码编写来对 RFID 门禁系统进行仿真和模拟，并用按键等器件替代 RFID 刷卡等过程，最后进行测试和功能验证。

专题 8 物联网行业仿真系统中的 RFID 应用系统

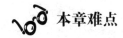 **本章重点**

◇ 物联网行业仿真系统环境的配置
◇ 物联网行业仿真系统软件的使用
◇ 低频卡、低频读卡器的使用
◇ 高频卡、高频读卡器的使用
◇ 超高频卡、NL 超高频读卡器的使用

专题 8 知识能力素质目标

本章难点

◇ 物联网行业仿真系统中的 RFID 场景的实现
◇ 门禁系统的实现和测试
◇ 停车自动收费系统的实现和测试
◇ 图书馆自动借阅系统的实现和测试

专题 8 的授课视频

8.1 应用场景和系统环境的配置

8.1.1 应用场景说明

本项目通过新大陆物联网行业仿真系统来实现。我们需要通过系统的电路设计软件和场景仿真软件，对门禁系统、停车自动收费系统和图书馆自动借阅系统在 RFID 应用中的应用场景进行仿真。仿真系统包括两个方面：图形模块的应用系统和硬件数据源的仿真。图形模块的应用系统为底层硬件开发人员提供图形化设计工具，通过该系统可以快速完成具体应用功能的设计；硬件数据源的仿真则是通过软件直接观察底层数据的传输和工作过程，并结合具体的硬件模块来验证 RFID 系统的效果。

8.1.2 系统配置及模块选取

1. 物联网行业仿真系统软件的安装和配置

首先需要安装仿真软件"物联网行业实训仿真"(v_3.0.2.msi)，双击打开后的界面如图

8-1 所示。

图 8-1　物联网行业实训仿真的安装界面

　　单击"下一步"按钮并设置好安装路径(见图 8-2)，然后单击"安装"按钮(见图 8-3)，该安装需要一段时间，可以通过安装进度条查看状态(见图 8-4)。

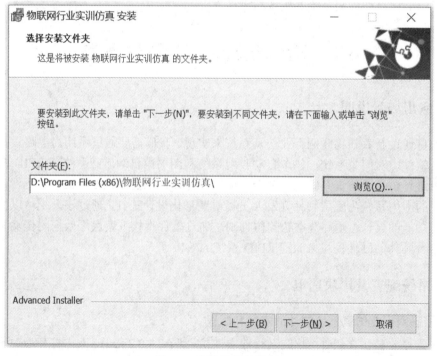

图 8-2　安装路径的设置

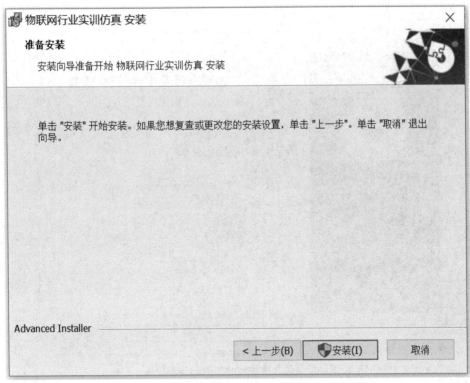

图 8-3　仿真软件进行安装

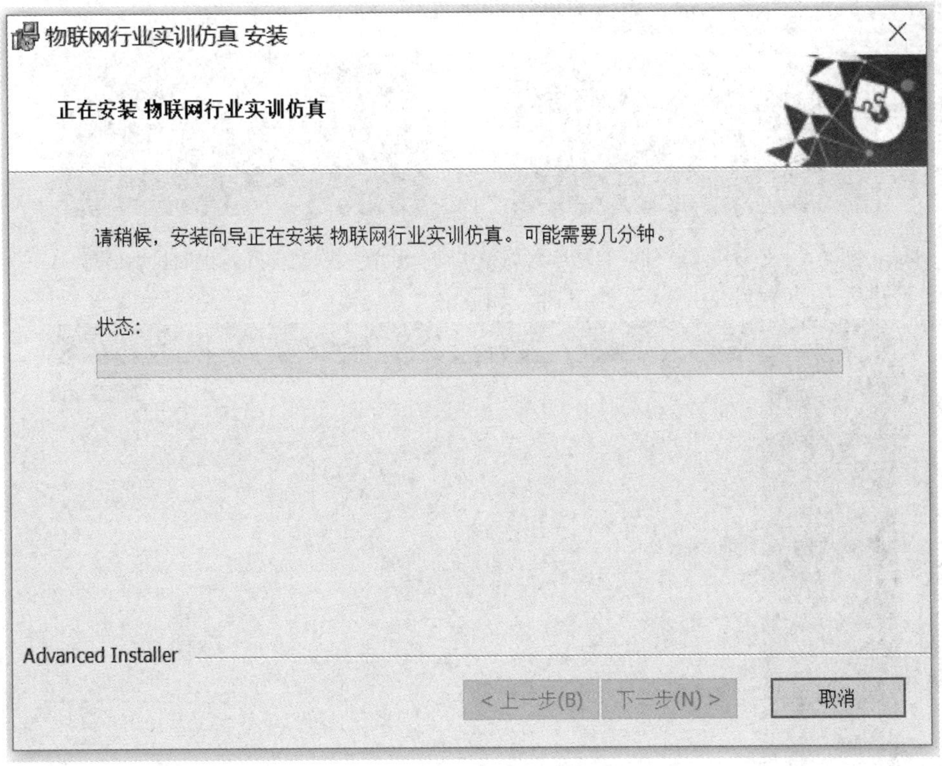

图 8-4　仿真安装过程中的界面

安装完成后的提示界面如图 8-5 所示。

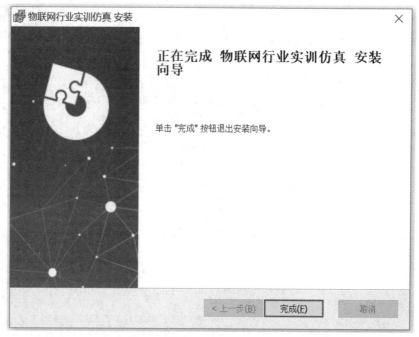

图 8-5　仿真软件安装完成的提示界面

单击"完成"按钮结束安装，双击仿真软件在桌面生成的快捷方式启动软件，软件启动时自动完成创建虚拟串口、设置关联文件等过程，如图 8-6 所示。

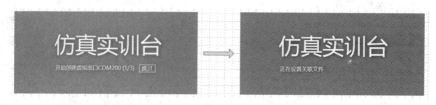

图 8-6　启动仿真软件时自动创建虚拟串口、设置关联文件等过程的显示信息

最后进入仿真软件的电路设计窗口，如图 8-7 所示。

图 8-7　仿真启动时的界面

　　上述是物联网行业仿真系统软件的安装和配置的具体步骤,当正确安装和配置后,可在此软件中加载相应的模块进行实验。

2. 仿真软件相应 RFID 模块的选取

　　仿真软件包括工具栏、设备区和设计区三个区域。界面左侧是各类设备,包括传感器、采集器、RFID 和其他设备。其中,传感器包括有线传感器、无线传感器和继电器;采集器包括网关和 I/O 模块;RFID 里只有其他设备;而其他设备里包括终端、负载、电源和其他外设。射频识别模块在左侧 RFID 的其他设备中选取,如图 8-8 所示。

图 8-8　仿真软件中 RFID 模块的选取位置

　　本项目涉及的 RFID 模块包括读卡器(见图 8-9)和射频卡(见图 8-10)。图 8-9 的读卡器包括低频读卡器、高频读卡器和超高频读卡器三类,对应图 8-10 的低频卡、高频卡和超高频卡。

图 8-9　读卡器

图 8-10　射频卡

本项目用到的 NL 超高频读写装置和 PC 机分别如图 8-11 和图 8-12 所示。

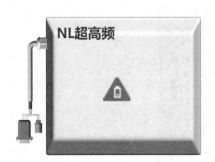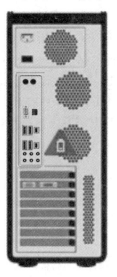

图 8-11　NL 超高频读写装置　　　　图 8-12　仿真软件中的 PC 机

当实际需要连接外部物理设备来测试仿真实验效果时，需要使用串口来获取实际传感器数据，此时需要配置虚拟端口来建立数据传输通道。双击 PC 机可以进行相应的虚拟串口和波特率设置，如图 8-13 所示。

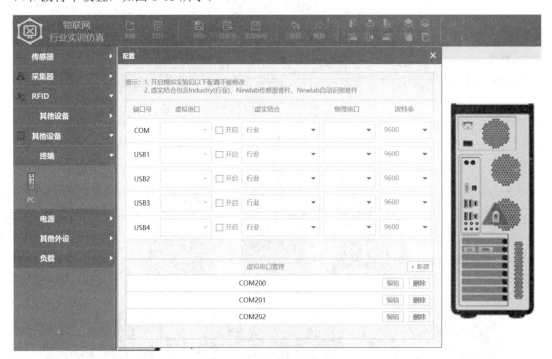

图 8-13　PC 机中的虚拟串口和波特率设置

在图 8-13 的接口设置中，可以关联和配置虚拟 COM 端口和实际 COM 端口。配置物理 COM 端口时，可以在"设备管理器"的"端口"中查看和设置相应的端口号，然后设置波特率以完成虚拟串行端口配置。

本项目通过通用电源模块来供电,如图 8-14 所示。双击后可以设置通用电源模块的电压,电压可按照实际需要来设置,例如 220 V,如图 8-15 所示。

图 8-14　仿真软件中的通用电源模块

图 8-15　通用电源模块的电压设置

8.2　门禁系统的项目实现

8.2.1　门禁系统的仿真

门禁系统可采用低频卡和低频读卡器设计,所设计的仿真电路图如图 8-16 所示。

该门禁系统的低频读写器直连 PC 机的串口,附近放置 1 张低频卡。拖动低频卡调整与低频读写器的距离,观察低频读写器是否检测到低频卡,单击仿真软件的"运行"按键后的结果如图 8-17 所示。

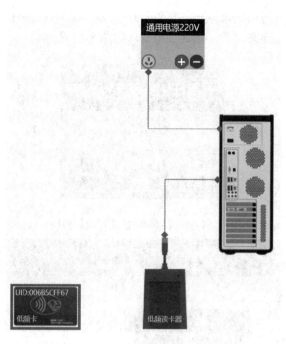

图 8-16　门禁系统的仿真电路图

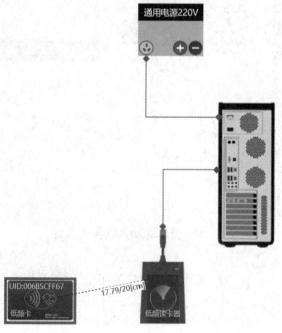

图 8-17　门禁系统运行后的结果

当该低频卡和低频读写器的有效距离是 20 cm 以下时(17.79 cm)，高频卡的射频信号可以被读取，超过 20 cm 则不能被读取。

低频读卡器可以同时读取有效范围内的多张射频卡的信息。例如在该电路中同时放置 4 张不同距离的低频卡，低频读卡器对不同距离的低频卡的射频信号的检测情况如图 8-18 所示。

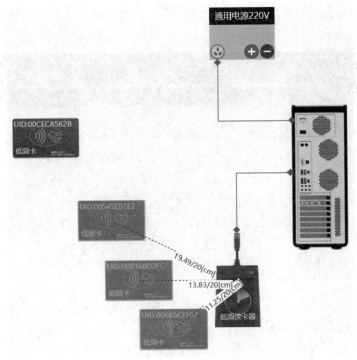

图 8-18   门禁系统对不同距离的低频卡的检测结果

从图 8-18 可以看到，低频读卡器可以读取到 3 张低频卡(距离分别是 11.25 cm、13.83 cm 和 19.49 cm)的信息，而读取不了第 4 张低频卡(距离＞20 cm)的信息。

8.2.2   门禁模拟仿真系统的测试和实现

本项目的场景模拟测试通过新大陆仿真软件配套的门禁系统 GateSys.exe 软件来实现，单击 GateSys.exe，并选取串口为 COM201，如图 8-19 所示。

图 8-19   门禁系统应用场景中的界面及串口选取

　　该图的串口号需要与仿真电路的窗口号一致，所设置虚拟串口为 COM201，如图 8-20所示。

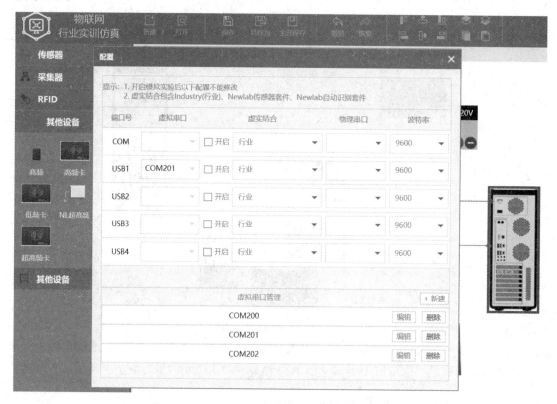

图 8-20　门禁系统仿真电路设置对应的串口号

　　切换到门禁系统模拟仿真软件中，该仿真系统包括出入门禁、发卡和出入记录查询三个功能。首先测试出入门禁功能，单击该功能模块，其显示结果如图 8-21 所示。

图 8-21　门禁模拟仿真系统中的出入门禁功能界面

从图 8-21 中可以看到，门是关闭的。然后在门禁仿真电路中点开模拟实验，移动低频卡，当距离超过 20 cm 时，低频读卡器没有检测到低频信号(见图 8-22)。

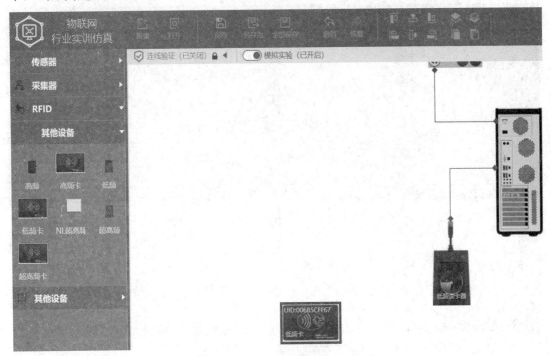

图 8-22　门禁仿真电路中低频卡与低频读卡器的距离超过 20 cm 的情形

启动模拟实验的按钮，此时仿真电路提示"没读取到卡片"，如图 8-23 所示。

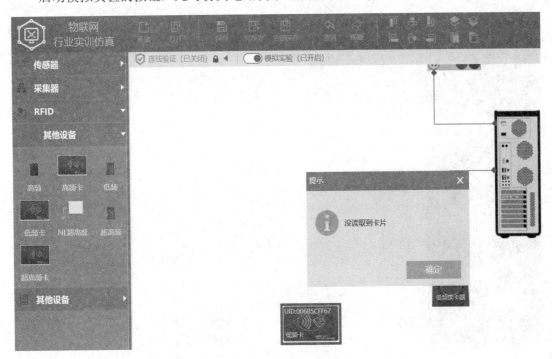

图 8-23　门禁仿真电路中低频卡没有读取到卡片的测试

切换到门禁模拟仿真系统中，对应弹出提示信息"没读取到卡片"，此时门禁是关闭的，如图 8-24 所示。

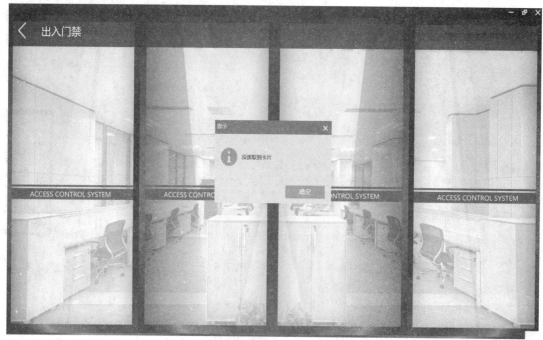

图 8-24　门禁模拟仿真系统的门禁关闭测试

切换到仿真电路中(见图 8-25)，当拖动低频卡进入 20 cm 以内的范围时，低频读卡器可以读取到低频卡的射频信号。

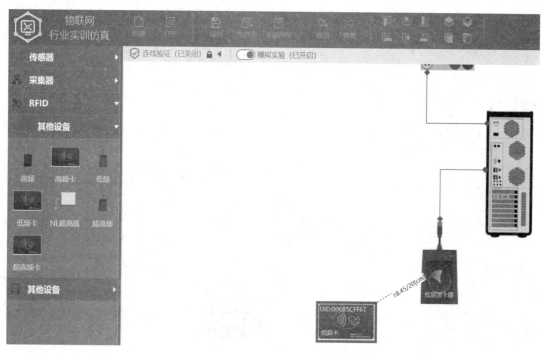

图 8-25　门禁仿真电路读取到低频卡的测试

接着重新切换到门禁模拟仿真系统，可以发现，模拟仿真系统开始开门(见图 8-26)，直到全部打开(见图 8-27)。

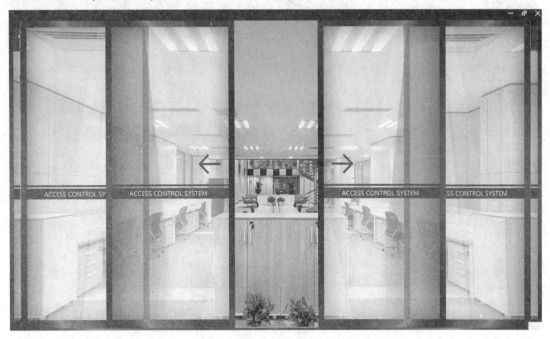

图 8-26　门禁模拟仿真系统的门禁正在打开

图 8-27　门禁模拟仿真系统的门禁全部打开

从图 8-27 中可以看到，门已经打开且可以看到里面的场景。当低频卡重新挪动到超过 20 cm 的有效范围时，仿真电路中还是没有读取到卡片，如图 8-28 所示。

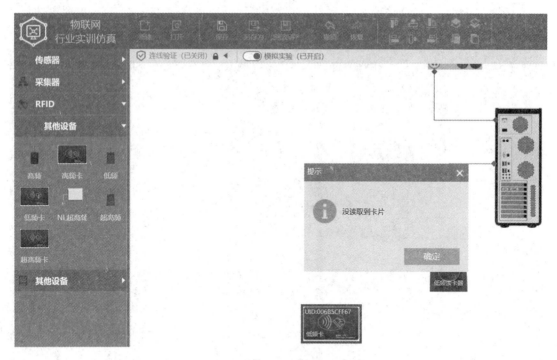

图 8-28　门禁仿真电路中移动低频卡的检测结果

从图 8-28 中可以看到,低频读卡器无法获取卡片信息,对应门禁模拟仿真系统的门重新关闭(见图 8-29)。

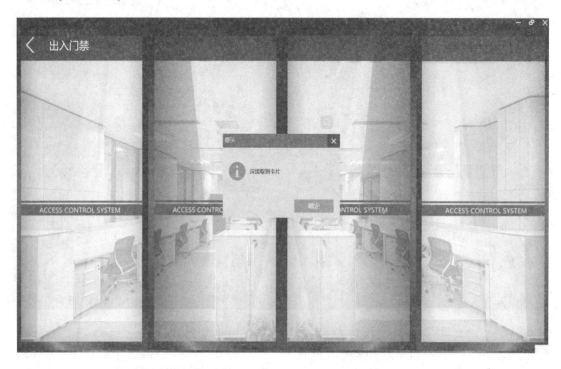

图 8-29　门禁模拟仿真系统的门禁重新关闭的结果

　　然后进行发卡功能的测试，在仿真电路里增加放置一张低频卡，如图 8-30 所示。

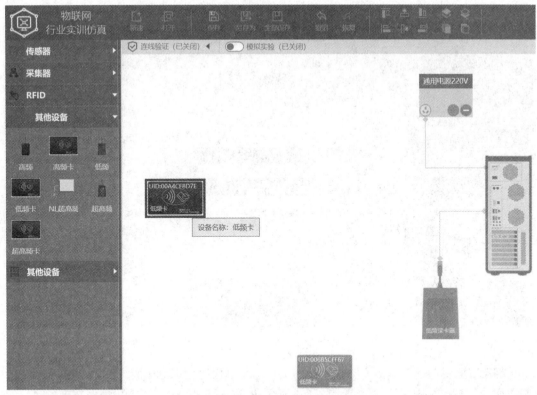

图 8-30　门禁仿真电路中新增一张低频卡

　　然后单击门禁模拟仿真系统的发卡模块，如图 8-31 所示。

图 8-31　门禁模拟仿真系统的发卡模块的发卡功能界面

在此发卡功能模块中可以输入新卡的身份信息,如图 8-32 所示。

图 8-32　在发卡模块中录入卡片信息

当第二张卡没有进入到有效距离范围内时,显示没有读取到卡片,如图 8-33 所示。接着切换到仿真电路中,移动低频卡片进入有效范围(见图 8-34)。此时距离是 18.67 cm,切换到门禁模拟仿真系统中,显示发卡成功,如图 8-35 所示。

图 8-33　新增的低频卡不在有效距离范围内时的发卡模块的检测情况

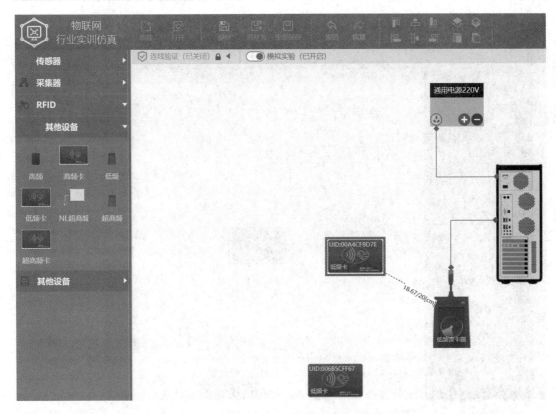

图 8-34 门禁仿真电路中移动新卡进入有效范围

图 8-35 门禁模拟仿真系统中显示发卡成功

然后重新回到门禁仿真电路，移动新卡直到距离大于 20 cm(见图 8-36)。

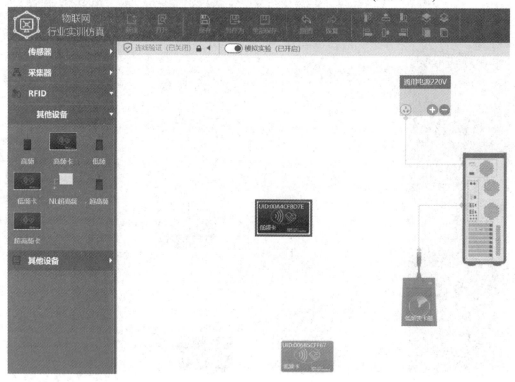

图 8-36　门禁仿真电路中重新移动新卡至有效范围外的情形

重新切换到门禁模拟仿真系统中，可以看到，系统显示没有读取到卡片，如图 8-37 所示。

图 8-37　门禁模拟仿真系统中对所发新卡的重新检测

　　然后拖动新卡进入有效范围内，可以获取到新卡信息，如图 8-38 所示。

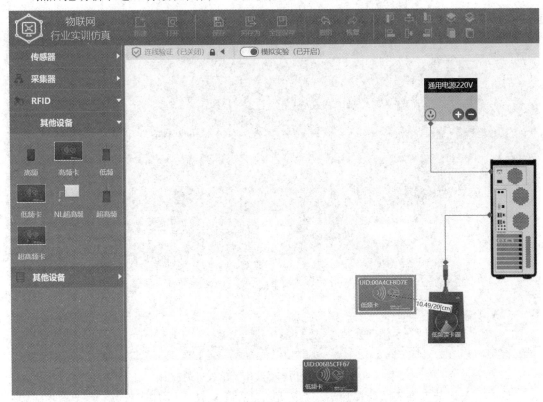

图 8-38　门禁仿真电路中对所移动的新卡的重新检测

　　当门禁仿真电路的低频卡距离低频读卡器 10.49 cm 时，此时门禁模拟仿真系统的门重新打开(见图 8-39)。

图 8-39　门禁模拟仿真系统中对门禁的重新打开

接着进行出入记录查询的功能测试，开始重复开门的流程，然后回到门禁模拟仿真系统的原始界面，单击出入记录查询的模块(见图 8-40)。

图 8-40　门禁模拟仿真系统中的出入记录查询

单击出入记录查询的功能模块后，提示刷卡(见图 8-41)，再刷卡一次，可在出入记录中查询出入情况(见图 8-42)。从图 8-42 中可以看到不同时间的新用户的出入记录，包括门禁卡的用户名和进入时间等信息。

图 8-41　出入记录查询模块的提示刷卡进入界面

图 8-42 出入记录查询模块中显示的用户出入记录及时间的数据

8.3 停车自动收费系统的项目实现

8.3.1 停车自动收费系统的仿真

停车自动收费系统采用高频卡和高频读卡器设计，所设计的仿真电路图如图 8-43 所示。

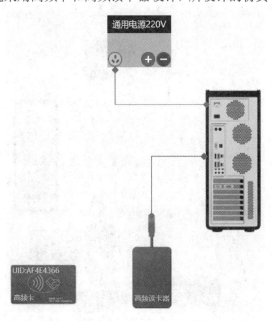

图 8-43 停车自动收费系统的仿真电路图

该电路图的高频读写器直连 PC 机的串口，附近放置 1 张高频卡，拖动高频卡并修改与高频读写器的距离，观察高频读写器是否检测到高频卡。在仿真软件中运行该电路后的结果如图 8-44 所示。

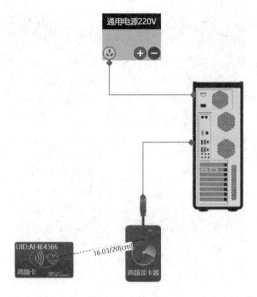

图 8-44　停车自动收费系统的仿真电路运行后的高频卡检测情况

可以看到，该高频卡和高频读写器的有效距离小于 20 cm。针对图 8-44 的特定情形，即距离是 16.03 cm 时，高频卡的信号可以被高频读卡器读取，超过 20 cm 则高频读卡器无法获取高频卡的射频信号。

高频读写器也可以同时获取有效范围内的多张高频卡的信息。为了验证该功能，在该电路中同时放置 4 张高频卡，观察不同距离的高频读卡器对高频卡的射频信号的检测情况，如图 8-45 所示。

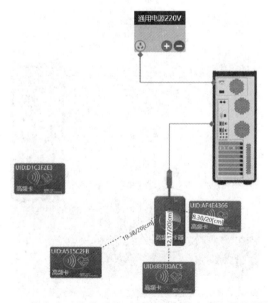

图 8-45　停车自动收费系统对不同距离的高频卡的检测结果

从图 8-45 中可以看到，不同高频卡与高频读卡器的距离不同，检测的情况也不同，距离超过 20 cm 时高频读卡器检测不到高频卡的信息，而距离小于 20 cm 时(例如 8.30 cm、12.17 cm 和 19.38 cm)高频读卡器可以检测到高频卡的信息。

8.3.2　停车自动收费系统的测试和实现

选用新大陆仿真软件配套的停车自动收费系统的 ParkSys.exe 软件，用于模拟门禁系统的使用情况。点开 ParkSys.exe，显示的界面如图 8-46 所示。

图 8-46　停车自动收费模拟仿真系统的显示界面

该模拟仿真系统包括停车取卡、结账和管理 3 项功能。如果单击"管理"的功能模块，则进入激活系统的提示信息"确定要激活停车场计费系统吗？"，如图 8-47 所示。

图 8-47　管理功能模块中激活停车场计费系统

当高频卡距离高频读卡器较远时，该卡没有进入有效的识别范围，对应的停车自动收费系统的仿真电路如图 8-48 所示。

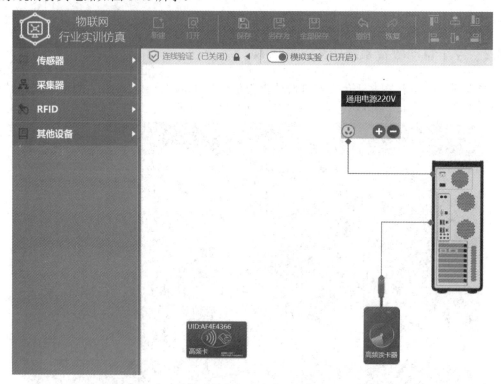

图 8-48 停车自动收费系统仿真电路中当距离较远时高频卡的检测

由于高频卡和高频读卡器的距离超过 20 cm，卡片的射频信息没有被高频读卡器检测到。切换到停车自动收费模拟仿真系统，单击"停车模块"的功能模块，对应的模拟系统显示"范围内没有卡片"，表示没有检测到停车卡，如图 8-49 所示。

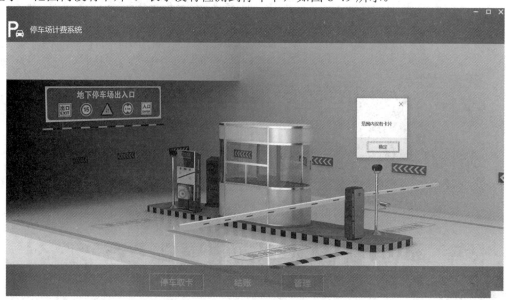

图 8-49 停车自动收费模拟仿真系统对高频卡的检测

切换到仿真电路中，通过缩短射频卡和读卡器的距离来模拟汽车进入有效的范围的情形(见图 8-50)。

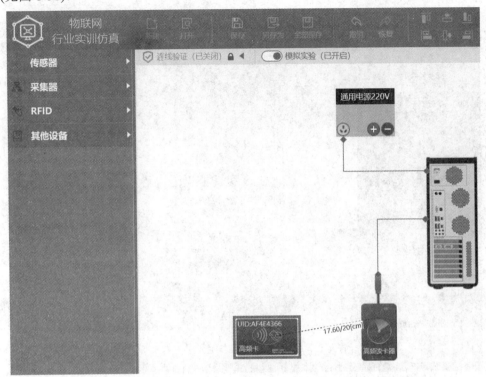

图 8-50 停车自动收费系统仿真电路中进入有效范围时对高频卡的检测

从图 8-50 中可以看到，在 17.60 cm 的有效范围时，高频读卡器已经检测到射频信息了。然后切换到停车自动收费模拟仿真系统，单击"停车模块"的功能模块，对应的模拟系统显示停车取卡的卡号和停车时间等信息，如图 8-51 所示。

图 8-51 停车自动收费系统仿真电路中进入有效范围时对高频卡的检测

从图 8-51 中可以看到，检测成功时获得一张停车卡，卡号为 AF4E4366，停车时间为

2020 年 6 月 26 日 20 时 23 分 8 秒。单击"确定"按钮后，系统提示"取卡成功"，如图 8-52 所示。

图 8-52 停车自动收费模拟仿真系统显示"取卡成功"

此时，车辆准备离开停车场，并靠近栏杆(见图 8-53)。

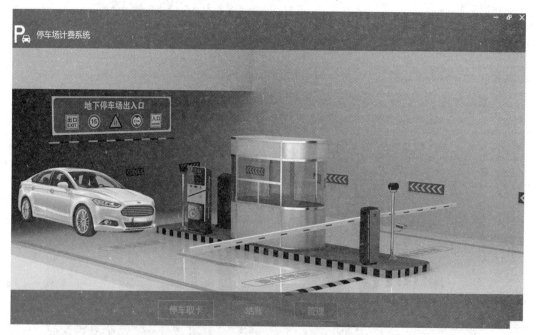

图 8-53 车辆准备出停车场，并靠近栏杆时的状态

由于还未交费，因此，栏杆没有升起，然后单击结账功能模块，根据停车时间自动计算费用，显示的费用如图 8-54 所示。

图 8-54　停车自动收费模拟仿真系统对车辆的计费明细

　　从系统弹出的信息窗口中，可以看到计费标准、车辆进入时间、车辆离开时间、停车时长、停车费用等信息。此时驾驶员核对这些信息是否有误，如信息正确，可单击"费用结算"按钮，系统显示"结算成功"，如图 8-55 所示。

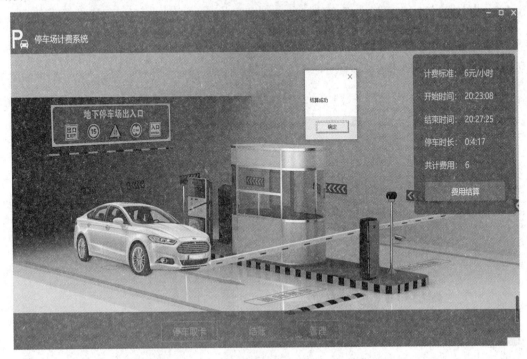

图 8-55　停车自动收费模拟仿真系统对车辆进出的结算

　　结算成功后，栏杆自动升起，驾车离开停车场(图 8-56)。

图 8-56　停车费结算后栏杆升起，车辆驶出停车场

　　本实操项目的停车自动收费系统的仿真和测试，可以通过 RFID 的高频卡和高频读卡器来模拟实现。

8.4　图书馆自动借阅系统的项目实现

8.4.1　图书馆自动借阅系统的仿真

　　图书馆自助借书系统采用高频卡、超高频卡、高频读卡器和 NL 超高频读卡器来设计，所设计的仿真电路图如图 8-57 所示。

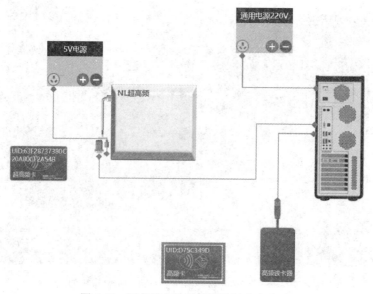

图 8-57　图书馆自助借书系统的仿真电路

在该仿真电路中，高频读卡器和 NL 超高频读卡器直连 PC 机的串口，附近放置 1 张高频卡和 1 张超高频卡，拖动高频卡修改与高频读卡器的距离、超高频卡与 NL 超高频读卡器的距离，观察高频读卡器是否检测到高频卡以及 NL 超高频读卡器是否检测到超高频卡。在仿真电路中该系统运行后的结果如图 8-58 所示。

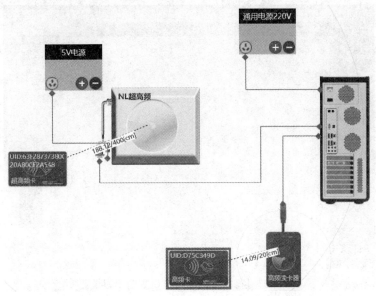

图 8-58　图书馆自助借书系统的仿真电路对高频卡和超高频卡的检测情况

可以看到，当高频卡和高频读卡器的有效距离小于 20 cm 时(如 14.09 cm)，高频卡的射频信号可以被读取。超高频卡和 NL 超高频读卡器的有效距离小于 4 m 时(如 188.12 cm)，超高频卡的射频信号可以被读取，而超出有效范围时，高频卡和超高频卡的射频信号不能被相应的读卡器读取。

该系统可以同时检测多张高频卡和超高频卡的信息，为了验证该功能，同时放置 3 张高频卡和 3 张超高频卡，观察不同距离的高频卡信号检测情况，如图 8-59 所示。

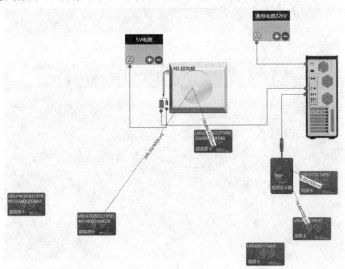

图 8-59　仿真电路中对多张高频卡和超高频卡的不同距离情形下的检测情况

　　可以看到，不同高频卡、超高频卡与高频读卡器、超高频读卡器的距离不同，检测的情况不同，当距离超过 20 cm 时检测不到高频卡，超过 4 m 时检测不到超高频卡。

　　进一步在仿真电路里点击 PC 机，设置虚拟串口为 COM202，如图 8-60 所示。

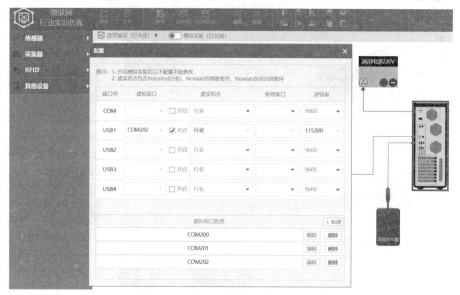

图 8-60　仿真电路中对 PC 机中的串口设置

　　该仿真电路中对 PC 机中的串口设置需要与图书馆自助借书的模拟仿真系统一致。

8.4.2　图书馆自动借阅系统的测试和实现

　　选用新大陆仿真软件配套的图书馆自助借书系统的 LibrarySys.exe 软件，用于模拟门禁系统的使用情况。点开 LibrarySys.exe，并选取串口为 COM202，显示界面如图 8-61 所示。

图 8-61　图书馆自动借阅模拟仿真系统的功能界面及串口选择

　　在该模拟仿真系统中，需要设置串口为 COM202，并与仿真电路的串口一致。图书馆自动借阅模拟仿真系统里面的功能模块包括图书管理、会员管理、图书借阅、还书、图书续借等模块。切换到仿真电路中，移动超高频卡，当超高频卡距离超过有效距离范围时，NL 超高频读卡器对超高频卡的检测情况如图 8-62 所示。

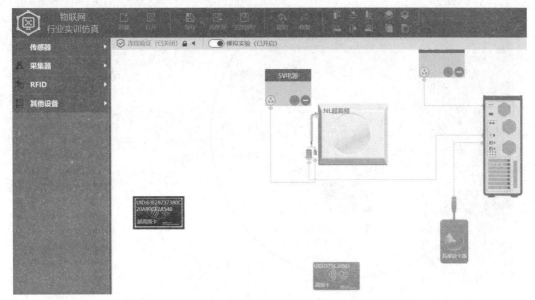

图 8-62　图书馆自动借阅系统的仿真电路对高频卡的检测

　　从图 8-62 中可以看到，仿真电路的高频卡超出有效距离范围时，NL 超高频读卡器没有读取到高频卡的射频信号。切换到图书馆自动借阅模拟仿真系统，单击图书管理模块，出现的界面是读取不了图书的编号数据(见图 8-63)。

图 8-63　图书馆自动借阅模拟仿真系统对超高频卡中的图书信息的检测情况

从图 8-63 中可以看到，当超高频卡距离较远时，对话框中的图书借阅信息为空，无法检测到卡内图书信息情况。然后切换到图书馆自动借阅系统的仿真电路中，当移动超高频卡进入有效距离范围以内时，NL 超高频读卡器可以检测到超高频卡的信息，如图 8-64 所示。

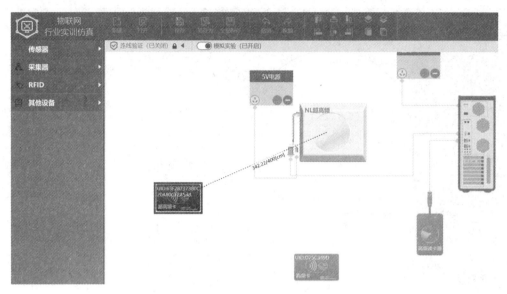

图 8-64　移动超高频卡进入有效范围时的卡片检测

从图 8-64 中可以看到，超高频卡进入有效距离范围时(如 342.22 cm)，图书馆自动借阅系统的仿真电路可以在 NL 超高频读卡器中读取到超高频卡的信息。然后切换到图书馆自动借阅模拟仿真系统中，单击图书管理模块。由于系统检测及信号传输需要时间，因此，初始的瞬间没有读取到图书信息(见图 8-65)，过了几秒后就可以读取到射频卡的信息(见图 8-66)，并获得编号 63f28737380c20a80cf2a548。

图 8-65　模拟仿真系统对超高频卡中图书信息的初始检测情况

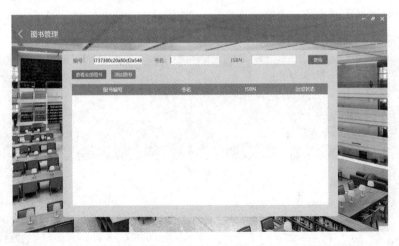

图 8-66　模拟仿真系统可以读取并显示超高频卡中的图书信息

可以看到，由模拟仿真系统的图书管理模块读取到对应的编号等信息，然后再单击"添加图书"(见图 8-67)。

图 8-67　模拟仿真系统中添加图书信息的页面

所添加图书信息的编号自动获得，而图书名和 ISBN 号需要填写，以图书名为"射频识别技术与应用"和 ISBN 号为"00000000"为例进行模拟输入，如图 8-68 所示。

图 8-68　模拟仿真系统中输入图书信息

在图书馆自动借阅模拟仿真系统中输入图书信息，填写完成后，单击"入库"按钮，显示"入库成功"，如图 8-69 所示。

图 8-69　完成图书入库的操作

完成图书入库的操作后，可以再单击"查看全部图书"，可以显示刚才入库图书的书名和信息，如图 8-70 所示。

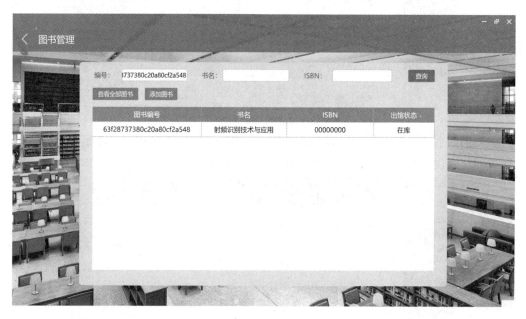

图 8-70　查看入库图书的信息

由仿真系统可以看到刚刚入库的图书的编号、书名、ISBN 号和出馆状态等信息。

超高频卡对应图书中的电子标签，而高频卡对应读者所持有的借书证。切换到图书馆自动借阅系统的仿真电路，当高频卡(读者借书证)不在有效距离范围时，高频读卡器对该卡的检测情况如图 8-71 所示。

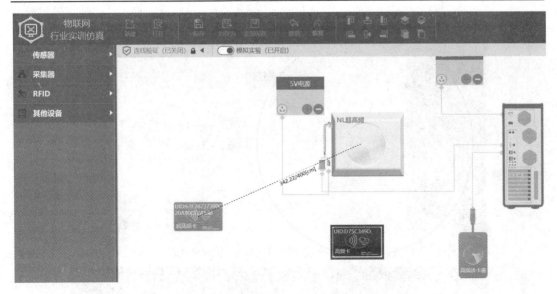

图 8-71　高频卡(读者借书证)不在有效距离范围的情形

从该电路中可以看到，高频读写器没有检测到超高频卡的卡片信息。然后切换到图书馆自动借阅模拟仿真系统，单击会员管理的功能模块，然后单击"添加会员"，显示"范围内没有卡片"，如图 8-72 所示。

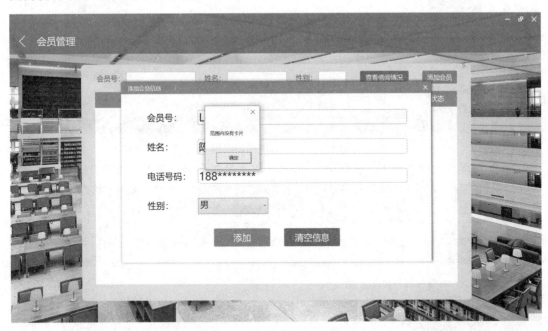

图 8-72　没有检测到卡片信息

该模拟仿真系统没有检测到射频卡的信息与前面仿真电路中的情形对应，然后切换到仿真电路中，将高频卡(读者借书证)放置在读卡器上，就进入有效距离范围(见图 8-73)。可以看到，在有效距离范围内(如 14.54 cm)的高频卡可被读取到信息，然后切换到图书馆自动借阅模拟仿真系统，单击并进入会员管理的功能模块，显示的界面如图 8-74 所示。

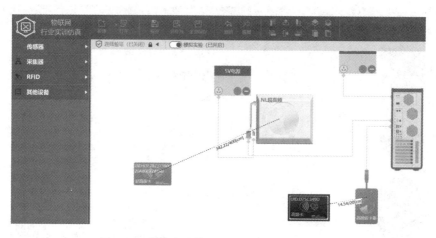

图 8-73　仿真电路检测到有效范围内的高频卡

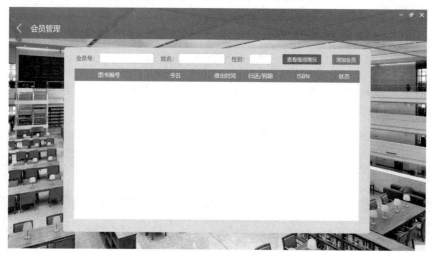

图 8-74　会员管理的功能模块

在此功能模块中单击"添加会员",可以获取到卡的会员号为 L500256475(见图 8-75)。

图 8-75　会员管理功能中的添加会员信息模块

从图 8-75 中可以看到，会员号可以自动获取，而图书借阅者的姓名和电话需要填写，可以进行模拟信息输入，如图 8-76 所示。

图 8-76　填写完整的图书借阅人信息

会员信息输入完成后单击"添加"按钮，显示"添加成功"，如图 8-77 所示。

图 8-77　会员管理功能中成功添加会员信息

接着单击"图书借阅"模块，进入到该系统的"图书借阅"功能模块，可以查看信息，系统显示会员号为 L500256475，图书号为 63f28737380c20a80cf2a548，借阅日期是 2020年 6 月 26 日，如图 8-78 所示。

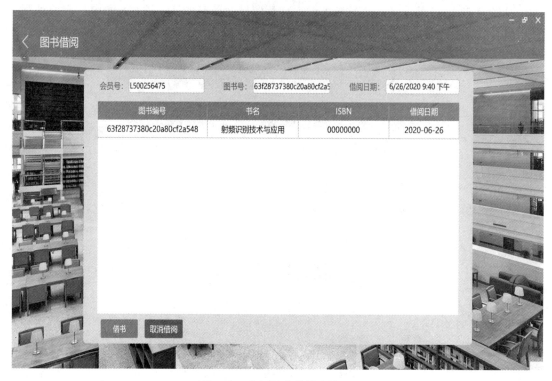

图 8-78 查阅图书的借出情况

可以根据图书的供阅信息来决定是否用借书卡来完成该图书的借出。如需借阅该图书，单击左下角的"借书"按钮(图 8-79)。

图 8-79 完成图书的借阅

借阅成功后，回到主页面，进入会员管理的功能模块，单击"查看借阅情况"，显示刚才借书的情况是"未归还"(见图 8-80)。

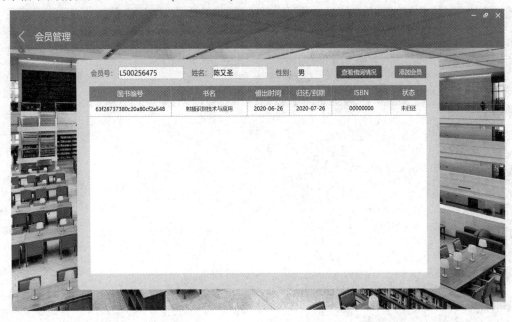

图 8-80　查阅借书卡的图书借阅情况

在系统中可以查看到借书卡中所借阅图书的编号、书名、借出时间、到期日期、ISBN号以及归还状态。然后切换到图书管理的功能模块，单击"查看全部图书"，显示图书状态是"借出"状态(见图 8-81)。

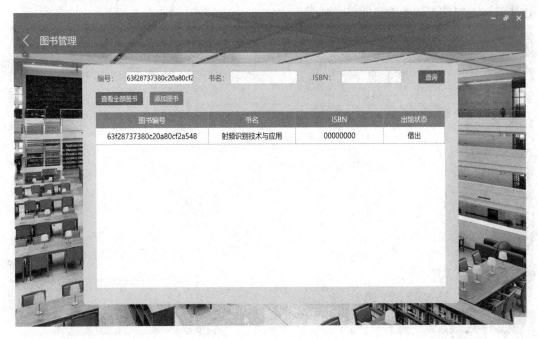

图 8-81　图书的借出状态

接着回到主页面，重新点"图书借阅"的功能模块，会显示"图书已借出，请先归还"，如图 8-82 所示。

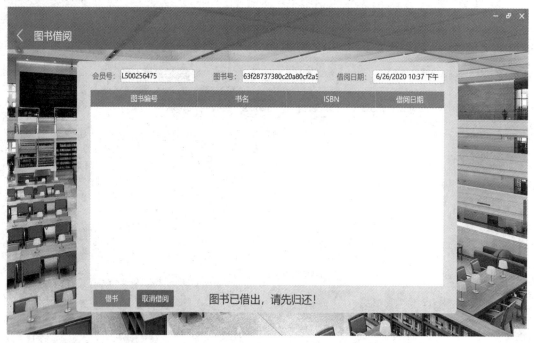

图 8-82　在图书借阅功能模块中获得图书已借出的信息

如果读者需要延长已借出图书的借阅时间，可单击"图书续借"功能模块。由于系统导入信息需要时间，因此初始的时候，系统显示是空的信息，无图书的数据信息(见图 8-83)，过了几秒才能获得读者的借阅信息(见图 8-84)。

图 8-83　系统的图书续借功能界面

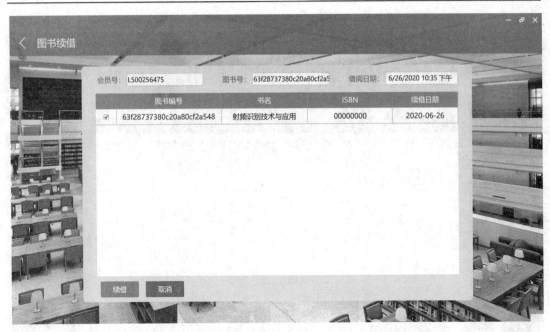

图 8-84　在系统的图书续借功能模块获取需要续借的图书信息

从图 8-84 中可以看到，图书借阅信息窗口显示了图书编号、书名、ISBN 号和续借的日期等信息。然后在界面的左下角位置单击"续借"按钮后，显示续借成功，如图 8-85 所示。

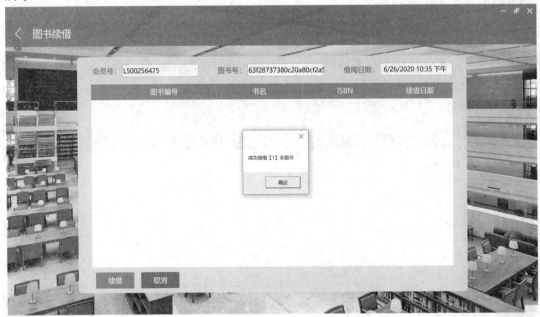

图 8-85　在系统的图书续借功能模块成功完成图书续借

成功完成图书续借后，回到主页面，重新回到系统的"会员管理"功能模块，单击"查看借阅情况"，显示如图 8-86 所示。可以看到，续借后的到期时间由原来的 2020 年 7 月 26 日延长到 2020 年 9 月 24 日。

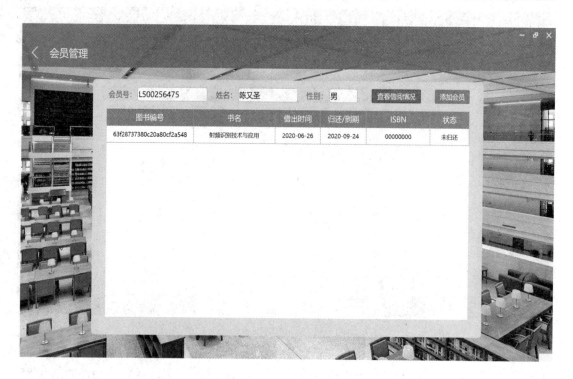

图 8-86　在会员管理中查阅图书续借后的图书借阅信息

　　如果所借阅图书看完了，读者想提前还书，可以在系统中单击"还书功能"模块，信息更新前后的显示如图 8-87 和图 8-88 所示。

图 8-87　系统还书功能模块的界面

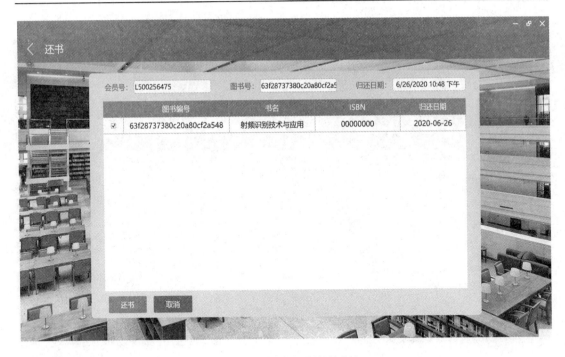

图 8-88 获取借阅图书的信息

可以通过系统查看图书编号、书名、ISBN 号和约定归还日期等信息，进一步单击左下角的"还书"按钮，显示"成功归还〔1〕本图书"，如图 8-89 所示。

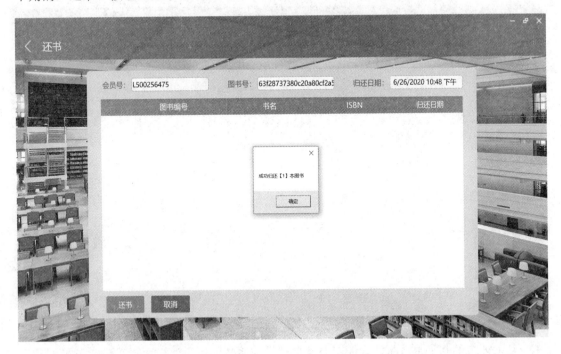

图 8-89 完成还书的操作

成功还书后，回到主页面，单击图书管理里"查看全部图书"，出馆状态由原来的"借出"变为"在库",如图 8-90 所示。

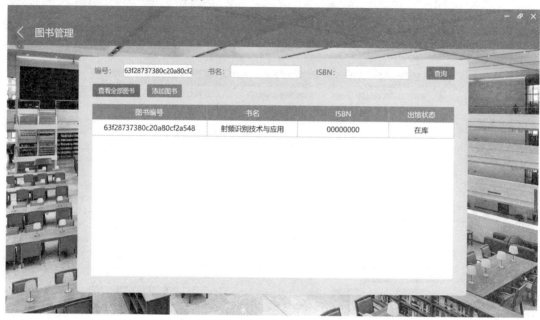

图 8-90　出馆状态

　　由于之前的书已归还,因此出馆状态的信息为在库。回到主页面,单击会员管理里"查看借阅情况",状态由原来的"未归还"变为"已归还",如图 8-91 所示。

图 8-91　已归还图书的信息

　　从本项目的基于 RFID 技术的图书馆自动借阅系统的项目测试可以看到,该模拟仿真系统可以完全仿真图书借阅、续借、归还、信息管理等操作过程。

专题 9　基于 Arduino 的 RFID 打卡装置

本章重点

◇　Arduino 的使用
◇　RFID 打卡装置的功能理解
◇　RFID 打卡装置相关模块和器件的熟悉
◇　打卡装置的功能测试和验证

专题 9 知识能力素质目标

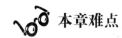

本章难点

◇　基于 Arduino 的 RFID 打卡装置的实现
◇　基于 Arduino 语言的编程

9.1　Arduino 平台和应用场景

9.1.1　Arduino 平台的说明

Arduino 是一个基于开源代码的简单 I/O 平台，它的开发环境接口是基于开源代码的原理，可以与电子元件配合设计具有特定功能的系统。Arduino 是一套可以用来感知、控制和实现特定物理功能以及开发交互式产品的工具，它由基于单片机的开源硬件平台和 Arduino 板编程开发环境组成。Arduino 的特点是：基于 AVR 平台，封装 AVR 库，封装端口，开发方便，采用开源代码的电路图设计，下载程序简单，与传感器和电子元器件连接简单，采用高速微处理器控制器，开发语言和开发环境简单。Arduino 开发板有 14 个数字输入/输出端子(标号 0～13)，模拟字输入/输出端子有 6 个，它支持 ISP 下载功能，可通过 USB 供电，提供 5 V 直流电压和 3.3 V 直流电压输出。

9.1.2　应用场景的说明

本系统的应用场景：通过所搭建的硬件系统，可进行刷卡并且可以进行识别。
具体要求：
(1) 当有 RFID 卡接近时，RFID 检测到卡，2 个小灯将会自动点亮，蜂鸣器会响 1 s。
(2) OLED 可以显示刷卡的提示信息，具体显示的文字自行定义。
(3) 可以通过串口，也会接收数据信息，成功刷卡后可以显示提示信息，例如"OK card!"。

(4) 拿开 RFID 卡，提示灯和 OLED 自动熄灭。

9.2　系统软硬件环境的构建

9.2.1　图形化编程软件 Arduino IDE 的安装

为了进行本项目，首先安装图形化编程软件：Arduino IDE 和 USB 驱动，该驱动软件可以把写好的代码上传到 Arduino uno r3 开发板上进行测试。接着需要验证电脑和 Arduino uno r3 开发板之间的连接情况，把 Arduino uno r3 开发板连接 USB 下载线后接入电脑 USB 口上，然后点开"设备管理器"的"端口"来验证开发板与电脑连接是否成功。点击运行"arduino1.8.5.exe"，如图 9-1 所示。

图 9-1　Arduino IDE 软件的安装界面

然后点击下角的"I Agree"按钮继续安装，进入安装的选项页面(图 9-2)，勾选全部选项，然后点击右下角的"Next"按钮，选择安装路径(图 9-3)。

图 9-2　安装选项页面

图 9-3　安装路径的选项

点击右下角的"Install"按钮，从进度条上查看安装的状态，如图 9-4 所示。

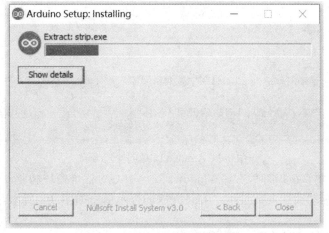

图 9-4　安装过程

在安装过程中，Windows 安全中心会对 Adafruit Industries LLC 端口(图 9-5)、Arduino USB 驱动中的 Arduino srl(图 9-6)、Arduino USB 驱动中的 Arduino LLC(图 9-7)等模块进行确认。

图 9-5　Adafruit Industries LLC 端口的安装确认

图 9-6 Arduino srl 的安装确认

图 9-7 Arduino LLC 的安装确认

通过图 9-5、图 9-6 和图 9-7 中 Windows 安全中心对各个模块和驱动进行安装确认后，点击"安装"来启动后续安装过程，安装完成的提示信息如图 9-8 所示。

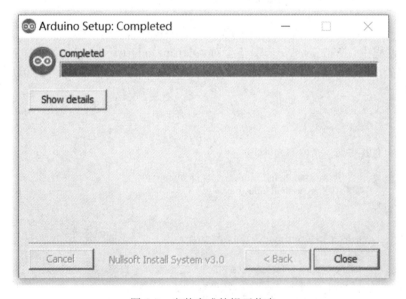

图 9-8 安装完成的提示信息

　　图形化编程软件 Arduino IDE 的安装完成后，需要进一步安装 Arduino IDE 的驱动，用 USB 线连接 Arduino uno r3 开发板，开发板的指示灯亮后，如图 9-9 所示。

图 9-9　用 USB 连接 Arduino 开发板

　　在图 9-9 中，用 USB 把 Arduino uno r3 开发板接入计算机后，开发板的指示灯会亮。然后计算机屏幕上弹出"找到新的硬件向导"，单击"从列表或指定位置安装(高级)"，选择开发环境目录里的 drivers 即可完成安装。

　　正确完成 Arduino 软件开发环境安装和驱动安装，运行 Arduino 后，启动初始化包(图9-10)，并进入开发环境(图 9-11)。

图 9-10　软件启动后的初始化

可在图 9-11 的软件开发环境上进行本项目功能模块的软件编程。

图 9-11　Arduino 的软件开发环境

9.2.2　主要模块和器件

本实操项目涉及的主要模块和器件包括 Arduino uno r3 开发板(图 9-12)和 RFID 感应套件(图 9-13)。

图 9-12　Arduino uno r3 开发板

图 9-13 RFID 感应套件包括射频 IC 卡和读写装置,其中,所选 IC 卡采用 E2PROM 作为存储介质,存储容量为 8 K 位,分为 16 个扇区,序列号为 0~15,每个扇区有 4 个块,编号为 0~3。每个块有 16 个字节,扇区有 64 个字节。每个扇区的第 4 个块称为尾块,它包含 6 字节密码 A、4 字节访问控制和 6 字节密码 B,其余 3 个块是通用数据块。扇区的

0 块包含制造商代码信息，该信息在卡的生产过程中写入，不能重写。其中，0～4 字节为卡序列号，第 5 字节为序列号校验码，第 6 字节为卡容量，第 7～8 字节为卡的类型号字节，其他字节由厂家另行定义。

　　本实操项目用到的辅助器件包括接线面包板(图 9-14)、传感器及其他小器件(图 9-15)和杜邦线(图 9-16)。

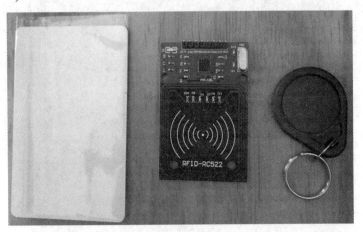

图 9-13　RFID 感应套件

图 9-14　接线面包板

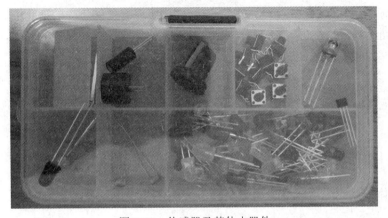

图 9-15　传感器及其他小器件

图 9-16 杜邦线

图 9-14 的面包板用于连接各个模块和器件，该面包板是一种多孔插座的插件板，通过双面胶带可以把面包板粘贴在开发板上。该面包板共有五条线，中间有两排主体主线，分上下两部分。每个部分有 5 行 50 列。在这 5 个插座的底部是一个金属弹簧，因此插入 5 个孔中的电线通过金属弹簧连接在一起。在用面包板进行电路实验时，根据电路连接要求，将电子元器件的引脚和导线插入相应的孔中，使其不与孔内的金属弹簧连接，从而设计实验电路。所需要的其他小的器件放置在图 9-15 的元器件箱中，并通过图 9-16 的杜邦线把开发板、传感器、其他器件连接起来。其中，杜邦线可插入面包板的插孔中，在使用面包板和杜邦线进行电路实验时，将电子元器件的引脚和导线插入面包板的孔中，并通过设计满足功能的实验电路，搭建完整的硬件系统。

9.3 项目整体电路、代码和测试

9.3.1 项目整体电路

项目整体搭建完成后的电路如图 9-17 所示，可基于此硬件进行进一步的编程和实验测试。

图 9-17　项目硬件电路

9.3.2　代码编写

Arduino 语言可在基于 C 语言、无须了解底层的情况下，实现 MCU 的某些参数的功能。使用 Arduino uno r3 开发板套件自带的以下代码可实现 RFID 的打卡功能：

```
#include <RFID.h> //RFID 库
#include <Adafruit_GFX.h> //OLED 库
#include <Adafruit_SSD1306.h> //OLED 库
#include <SPI.h> //SPI 传输数据库
#define xianshi_reset 13
RFID rfid(10,9); //定义 RFID 的 SDA 和 RST

int fengmingqi=2;
int LED_one=4;
int LED_two=7;
Adafruit_SSD1306 display(xianshi_reset);

void setup(){
  pinMode(fengmingqi,OUTPUT);
  pinMode(LED_one,OUTPUT);
  pinMode(LED_two,OUTPUT);

  Serial.begin(9600); //读取串口
  SPI.begin(); //SPI 初始化
```

```
    rfid.init(); //RFID 初始化

    display.begin(SSD1306_SWITCHCAPVCC,0X3C); //初始化 OLED 屏幕的通信地址为 0x3c
    display.clearDisplay(); //清空 OLED 显示
    display.setTextColor(WHITE); //设置字体颜色为白色
    display.display(); //设置完成更新显示内容
}

void loop(){
    if(rfid.isCard()){ //检测是否读取卡片
        Serial.println("OK card!"); //串口显示"OK card!"
        //点亮 LED_one 和 LED_two
        digitalWrite(LED_one,HIGH);
        digitalWrite(LED_two,HIGH);

        display.setTextSize(2); //设置
        //第一行显示的位置和内容
        display.setCursor(5,0);
        display.print("Swipe card:");
        //第二行显示的位置和内容
        display.setCursor(40,25);
        display.print("CYS");
        //第三行显示的位置和内容
        display.setCursor(5,50);
        display.print("Nubmer:333");
        display.display(); //设置完成更新显示内容
        display.clearDisplay();//清空显示内容
        digitalWrite(fengmingqi,HIGH);
        delay(1000);
        digitalWrite(fengmingqi,LOW);
        delay(1000);
    }else{
        digitalWrite(LED_one,LOW);
        digitalWrite(LED_two,LOW);
        digitalWrite(fengmingqi,LOW);
        display.display(); //设置完成更新显示内容
        display.clearDisplay();//清空显示内容
    }
}
```

9.3.3　硬件系统的测试

搭建好硬件系统并完成代码编写后可进行硬件系统的测试，拿出射频卡，刷卡后的结果如图 9-18 所示。

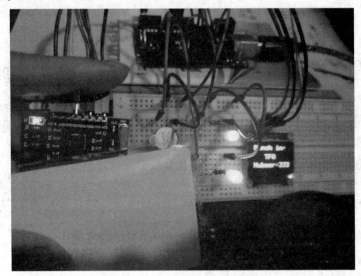

图 9-18　硬件电路的刷卡测试

可通过图 9-18 的硬件中的刷卡声音和提示灯的闪烁观察刷卡的初步操作结果，并可进一步从串口中接受信息(图 9-19)。

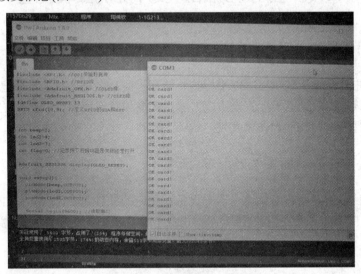

图 9-19　从串口中获取射频卡的刷卡信息

从图 9-19 可以看到，正确刷卡并获取信息后，可在窗口上打印一次"OK card!"，刷多次则打印多次，表示正确获取刷卡信息并显示。

本实训专题从器件选取、电路设计、硬件系统搭建和编程实现等具体流程，可以完成射频卡的刷卡的操作和实验。

专题 10　智能商超中的 RFID 应用系统

本章重点

◇　智能商超的环境配置
◇　智能商超软件的使用及数据录入操作
◇　高频读写器、桌面发卡器等的操作
◇　卡充值等功能的实现及通过数据库查看数据

本章难点

◇　基于物联网设备的智能商超中的 RFID 应用系统的实现
◇　C# 编程实现特定功能
◇　可以正确读取到电子标签的数据

专题 10 知识能力素质目标

专题 10 的授课视频

10.1　应用场景和开发环境的安装配置

10.1.1　应用场景的说明

大型超市中商品贴上的 RFID 电子标签，储存了商品名称、价格等信息，商品购买和出入库可通过读取 RFID 电子标签来实现。本次实操项目选用新大陆公司的物联网设备中的智能商超软件模块和相应设备来实现。

10.1.2　相关器件驱动的安装及配置

本实操项目用到桌面超高频读卡器的设备，相应的软件是 CP210x_VCP_Win7_8.exe，双击启动安装(图 10-1)，经过安装准备(图 10-2)进入正式安装的提示窗口(图 10-3)。

图 10-1　超高频桌面读卡器 CP210x_VCP_Win7_8.exe 的安装启动界面

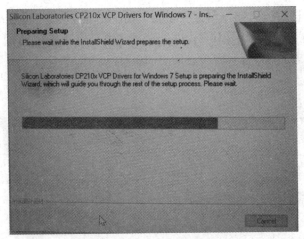

图 10-2　安装准备界面

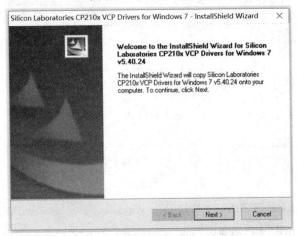

图 10-3　正式安装的提示窗口

在图 10-3 的提示窗口里点击 "Next" 按钮，然后弹出 "License Agreement" 的确认窗口，如图 10-4 所示。

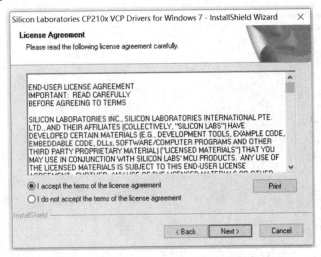

图 10-4　"License Agreement" 的确认窗口

在图 10-4 的确认窗口里选择"I accept the terms of the license agreement"并点击"Next"按钮，然后需要设置安装路径(图 10-5)，进入设置完成后的安装界面(图 10-6)，点击"Install"启动安装，并可通过进度条查看安装进度(图 10-7)。

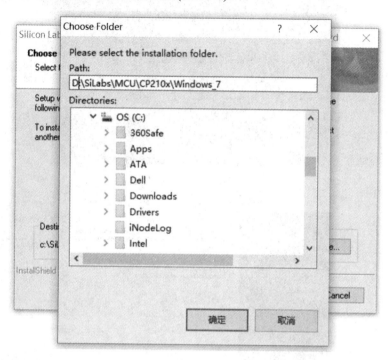

图 10-5　设置安装路径

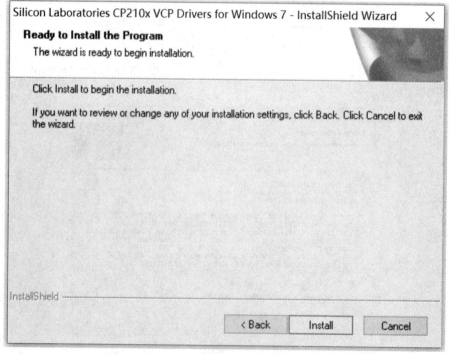

图 10-6　设置完成后的安装界面

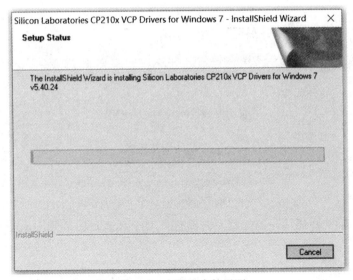

图 10-7　安装进度的界面

　　安装需要一段时间，期间如出现错误则退出安装，如无出错，则安装完成后会出现提示信息(图 10-8)。

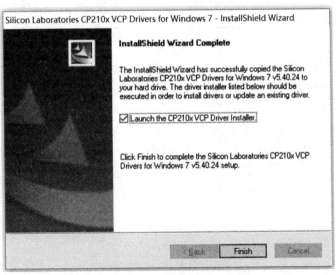

图 10-8　安装完成的提示窗口

　　安装完成后需要点击"Finish"按钮，然后进一步启动 CP210x VCP 驱动的安装和配置，如图 10-9 所示。

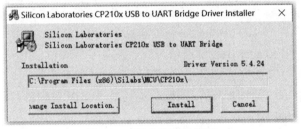

图 10-9　驱动的路径设置

图 10-9 是安装 CP210x USB 到 UART 驱动的路径设置，选择合适的路径后，点击"Install"按钮，完成相关驱动的安装(图 10-10)。

图 10-10　CP210x USB 到 UART 驱动的安装完成

然后是超高频中距离读写器配置，需要打开 UHFReader18 demomain.exe，如图 10-11 所示。

图 10-11　UHFReader 18 对超高频中距离读写器的配置

在图 10-11 的 UHFReader 中设置通信方式、波特率、端口、IP、读写器参数、工作模式参数、工作模式等，从而完成高频中距离读写器的参数配置。

最后是 UHF 射频读写器的调试，该调试工具是"UHF 射频读写器调试工具.exe"，点击进入调试界面(图 10-12)。

图 10-12　UHF 射频读写器调试工具

在图 10-12 的调试界面中可以进行串口设置、读写器信息、接收解调器等的设置，其中，串口设置的内容包括串口号、波特率、校验位、数据位和停止位等，基于该调试工具可以进行超高频实验。

10.2　项目实现

10.2.1　数据库的搭建和 Web 端的配置

智能商超的数据需要通过数据库进行衔接和存储，所搭建的 Microsoft SQL 数据库如图 10-13 所示。

图 10-13　Microsoft SQL 数据库

然后进行服务器的配置(图 10-14)，接着进入 Web 端配置并保存(图 10-15)。

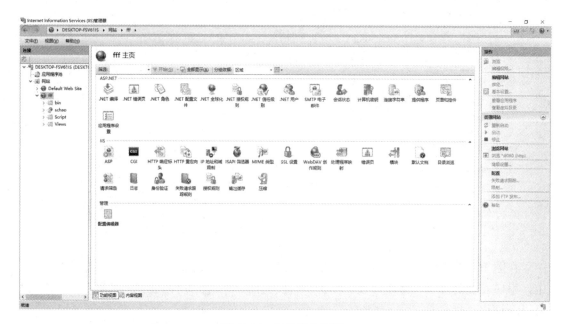

图 10-14　服务器的配置

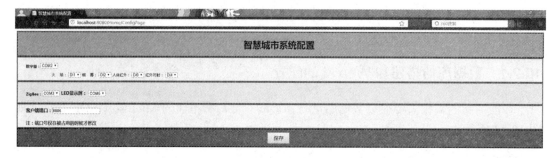

图 10-15　Web 端配置和保存

　　通过图 10-14 的服务器配置和图 10-15 的 Web 端配置，可进行智能商超端的编程和射频功能的测试。

10.2.2　智能商超的操作和项目代码

1. 智能商超 PC 端的操作

　　完成配置后，使用新大陆开发的智慧城市工程应用系统的智能商超软件，然后进入系统，如图 10-16 所示。

图 10-16　智能商超软件的界面和各个功能模块

从图 10-16 可以看到智能商超软件的应用场景以及账户充值、拍码购物管理、基础信息管理、商品实时查看、视频监控、销售情况查看、获取系统提示和购物结算等功能模块。

账户充值采用桌面发卡器，对无线射频 IC 卡进行获取金额、充值操作。在基础信息管理中用桌面超高频读卡器对标签进行读取，与商品绑定。如需进行充值，进入图 10-17 的充值界面。

图 10-17　智能商超中的 RFID 充值

通过图 10-17 可以查看 RFID 卡内余额和充值金额等信息，在后面的项目测试中会进行进一步的充值操作及演示。

2. 编写基于 C#的桌面高频读写器模块的代码

桌面高频读写器模块采用 C#编写，它的基本思想是面向对象的。面向对象程序设计的目的是用抽象的方法将现实世界中的事物模拟到计算机中，利用人们的思维方式和原则来实现功能。面向对象程序设计是将数据和操作封装成一个类数据结构，它具有封装性、继承性和多态性等特点。封装性用于隐藏不需要知道的信息；继承性使类的设计简化了；多态性意味着不同的对象在接收到相同的信息时有不同的行为。

由于本项目的设备使用新大陆公司提供的智能商超软件及相应的硬件模块，因此，桌面高频读写器模块使用新大陆物联网设备自带的基础代码，并根据功能需求进行修改，主代码如下：

```
public partial class MainWindow : Window
    {
        public MainWindow()
        {
            InitializeComponent();
        }

        private void btnOpen_Click(object sender, RoutedEventArgs e)
        {
            //MifareRFEYE 为桌面高频读写器控制类，其内部使用单例模式
            //Instance 用来获取他的唯一实例，ConnDevice()方法用于连接设备
            //ResultMessage 类存放方法执行结果信息，以及方法执行后返回的内容
            ResultMessage msg = MWRDemoDll.MifareRFEYE.Instance.ConnDevice();
            //若执行状态(msg.Result)为失败(Result.Success)，则表示连接成功，否则表示连接
            失败
            if (msg.Result == Result.Success)
            {
                //为 ListBox 控件添加项 - "连接成功"
                lstbox.Items.Add("连接成功");
                //为 ListBox 控件添加项 - msg.OutInfo(执行方法返回的信息)
                lstbox.Items.Add(msg.OutInfo);
            }
            else
                //为 ListBox 控件添加项 - msg.OutInfo(执行方法返回的信息)
                lstbox.Items.Add(msg.OutInfo);
        }
```

```
private void btnSearch_Click(object sender, RoutedEventArgs e)
{
    //Search()方法用于寻卡
    ResultMessage msg = MWRDemoDll.MifareRFEYE.Instance.Search();
    if (msg.Result == Result.Success)
    {
        lstbox.Items.Add("寻卡成功");
        lstbox.Items.Add(msg.Model);
    }
    else
        lstbox.Items.Add(msg.OutInfo);
}


private void btnRead_Click(object sender, RoutedEventArgs e)
{
    //Read()方法用于读卡
    ResultMessage msg = MWRDemoDll.MifareRFEYE.Instance.Read();
    if (msg.Result == Result.Success)
    {
        lstbox.Items.Add("读卡成功");
        //msg.Mode 为返回的模型，Read()方法返回的模型为 byte[]数组型
        //Encoding.Default.GetString()将其转换为字符串
        //Replace("\0", "")将转换后的字符串中的"\0"替换为""，即将其删除
        lstbox.Items.Add(Encoding.Default.GetString(((byte[])msg.Model)).Replace("\0",""));
    }
    else
        lstbox.Items.Add(msg.OutInfo);
}


private void btnAuth_Click(object sender, RoutedEventArgs e)
{
    //Auth()方法用于验证
    ResultMessage msg = MWRDemoDll.MifareRFEYE.Instance.Auth();
    lstbox.Items.Add(msg.OutInfo);
}


private void btnWrite_Click(object sender, RoutedEventArgs e)
{
```

```
        //获取用户输入的文字，Trim()去除前后的空格
        string databuff = txtInput.Text.Trim();
        //存放写入的总字节数
        int total = 16;

        //返回字符串长度
        int len = GetStringCharLen(databuff);
        //以 16 个字节数组写入卡，不够的填充空格
        if (len < total)
            databuff = databuff.PadRight(total);
        //将字符串转换为 byte[]
        byte[] data = Encoding.Default.GetBytes(databuff);
        //Write(CardDataKind.Data, data)方法用于写卡，CardDataKind.Data 为卡区域类别，
Data 为数据类型
        ResultMessage msg = MWRDemoDll. MifareRFEYE. Instance. Write (CardDataKind.
Data, data);
        lstbox.Items.Add(msg.OutInfo);
    }

    private void btnClose_Click(object sender, RoutedEventArgs e)
    {
        //CloseDevice()方法用于关闭设备
        ResultMessage msg = MWRDemoDll.MifareRFEYE.Instance.CloseDevice();
        lstbox.Items.Add(msg.Result == Result.Success ? "关闭成功" : msg.OutInfo);
        //关闭本程序
        Application.Current.Shutdown();
    }

    public static int GetStringCharLen(string str)
    {
        //存放字符串长度
        int count = 0;
        //使用正则表达式判断字符是否为中文
        Regex regex = new Regex(@"^[\u4E00-\u9FA5]{0,}$");

        for (int i = 0; i < str.Length; i++)
        {
            //验证字符串当前索引位置字符是否为中文，因为中文字符占两个字节所以
            count += 2
```

```
            if (regex.IsMatch(str[i].ToString()))
            {
                count += 2;
            }
            else
                count += 1;
        }


        return count;
    }
}
```

由于基础代码里的函数已封装好，调用提供的代码模块，可以方便地实现功能，例如连接和寻卡的功能，如图 10-18 所示。

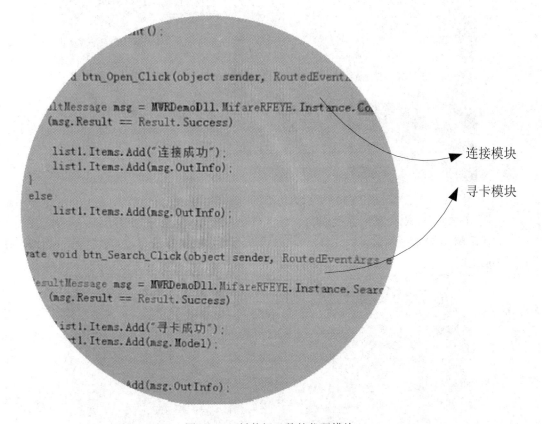

图 10-18   封装好函数的代码模块

在图 10-18 的函数内可写提示信息，例如正确连接的提示可写为"连接成功"，正确寻卡的提示可写为"寻卡成功"。其中，连接状态和寻卡状态可使用桌面高频读写器模块的工具来查看，初始的界面如图 10-19 所示。

图 10-19　查看读卡和写卡状态的界面

运行后连接成功和寻卡成功的实际状态如图 10-20 所示。

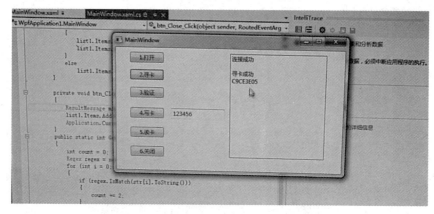

图 10-20　连接成功和寻卡成功的信息显示

从图 10-20 可以依次看到连接成功、寻卡成功和卡号 C9CE3E05 等信息。

如需写卡，例如写入信息为 123456，并可以对写入的信息进行读取(读卡)，显示结果如图 10-21 所示。

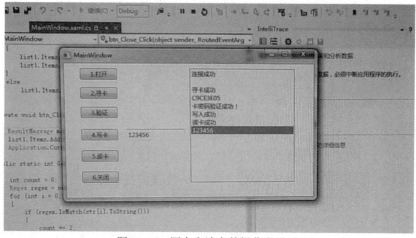

图 10-21　写卡和读卡的操作和显示

在图 10-21 的写卡和读卡的操作中，每一步正确操作后都可以进行显示，例如"卡密码验证成功""写入成功""读卡成功"等。如果进一步放置电子标签可以测试读取的数据，例如放置 3 张电子标签，选 COM6 口读取数据(图 10-22)，然后放置 3 张电子标签后，可读取电子标签的信息(图 10-23)。

图 10-22　读取电子标签的数据窗口　　　　图 10-23　正确读取电子标签的数据信息并显示

从图 10-23 可以看到，3 张射频卡的卡号信息已被读取和显示出来。

10.3　项目测试

10.3.1　硬件模块

为了进行硬件系统的测试，准备好高频读写器、IC 卡、桌面发卡器、电子标签等，其中高频读写器如图 10-24 所示。

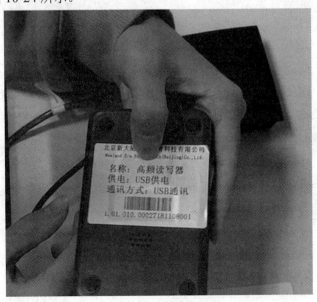

图 10-24　高频读写器

　　图 10-24 所展示的高频读写器具有低功耗的特征，采用防碰撞算法，具有抗干扰能力强和可连续通电运行的特点。该读写器集成了陶瓷天线，采用 USB 接口，即插即用，并提供了适合 PC 系统环境的 DLL 库软件接口，缩短了技术人员的开发时间。在使用时，读写器可以读取电子标签的数据，包括每个分区的数据字段的数据，并且可以通过 USB 接口与 PC 机连接进行数据通信和交换，并可以在此基础上进行进一步的开发。从读写器的背面看(图 10-25)，该读写器是 UHF 桌面发卡器。

图 10-25　UHF 桌面发卡器

　　图 10-25 的桌面发卡器是较短距离的 RFID 读写器，而更远距离的读写器是图 10-24 的超高频读写器。

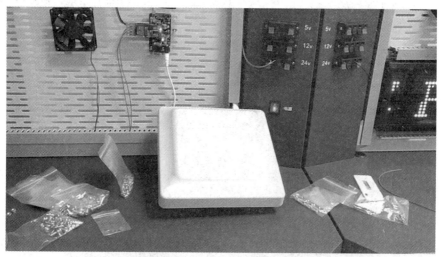

图 10-26　超高频读写器

　　图 10-26 的超高频读写器采用低功耗设计，支持 RS232 串行通信接口。它可以由适配器或其他低压电源供电，可以快速读写电子标签，同时保持较高的读取率。它可以广泛应用于门禁系统、车辆管理、生产生活等诸多领域，其输出功率为 26 dB，读取距离为 1 m～3 m，标签查询速度大于 6 ms。

10.3.2　软硬件的测试

　　为了方便数据管理，系统采用数据库技术，通过 RFID 快速采集和批量输入数据，并将数据存储在数据库中。一个模拟的数据库管理 RFID 采集的货物信息，如图 10-27 所示。

```
SQLQuery1.sql - LI...r_2015_GZ (sa (55))*
select p.name as 商品名称, p.price as 商品价格, p.barCode as 商品条码,
    s.hasthis as 商品库存, s.addTime as 商品录入时间
    from ProInfor p, Storehouse s
    where p.lid=s.proID
    order by addTime Desc;
```

	商品名称	商品价格	商品条码	商品库存	商品录入时间
1	奶粉	80	123456789	1	2019-03-29 08:43:26.630
2	奶粉	80	123456789	1	2019-03-29 08:43:26.630
3	奶粉	80	123456789	1	2019-03-29 08:43:26.630
4	纯牛奶	4	789789	1	2019-03-29 08:43:05.037
5	纯牛奶	4	789789	1	2019-03-29 08:43:05.037
6	纯牛奶	4	789789	1	2019-03-29 08:43:05.037
7	加多宝	4	456456	1	2019-03-29 08:42:51.593
8	加多宝	4	456456	1	2019-03-29 08:42:51.593
9	矿泉水	2	123123	1	2019-03-29 08:42:36.443
10	矿泉水	2	123123	1	2019-03-29 08:42:36.443
11	矿泉水	2	123123	1	2019-03-29 08:42:36.443
12	矿泉水	2	123123	1	2019-03-29 08:42:36.443
13	ygygyg	44	6921899990873	1	2014-12-29 16:29:15.840
14	test2014	33	6911989262553	1	2014-12-23 19:09:14.303
15	test2014	33	6911989262553	1	2014-12-23 10:53:47.143
16	test2014	33	6911989262553	1	2014-12-23 10:30:54.670
17	test2014	33	6911989262553	1	2014-12-23 10:03:03.370
18	test2014	33	6911989262553	1	2014-12-22 19:26:52.823
19	test2014	33	6911989262553	1	2014-12-22 19:26:52.823
20	test2014	33	6911989262553	1	2014-12-22 19:26:52.807
21	test2014	33	6911989262553	1	2014-12-22 19:26:52.807
22	test2014	33	6911989262553	1	2014-12-22 17:05:31.790
23	test2014	33	6911989262553	1	2014-12-22 16:55:09.220
24	test2014	33	6911989262553	1	2014-12-22 14:26:53.653
25	test2014	33	6911989262553	1	2014-12-19 15:29:59.610
26	test2014	33	6911989262553	1	2014-12-17 14:09:48.587
27	本子	1	6911989331808	1	2014-02-18 09:40:11.130
28	本子	1	6911989331808	1	2014-02-18 09:40:11.130

图 10-27　一个模拟的数据库管理 RFID 采集的货物信息

　　需要充值时，可按图 10-28 的操作把 RFID 卡放上去进行充值，接着切换到 PC 上的智能商超软件，进行充值操作(图 10-29)。

图 10-28　放置 RFID 卡到读写器上

图 10-29　对 RFID 卡充值

　　图 10-29 是在 PC 软件界面上的模拟充值操作，系统显示的卡内余额和充值金额为模拟数值。卡内余额和充值金额需要客户核对和确认，确认无误后，点击"确认充值"按钮，如图 10-30 所示。

图 10-30　PC 上确认并完成 RFID 卡的充值

从图 10-30 可以看到，充值成功后显示"已成功充值 316 元，余额 18915.83 元"。

可进一步通过 UHFReader 查看数据信息，如图 10-31 所示。

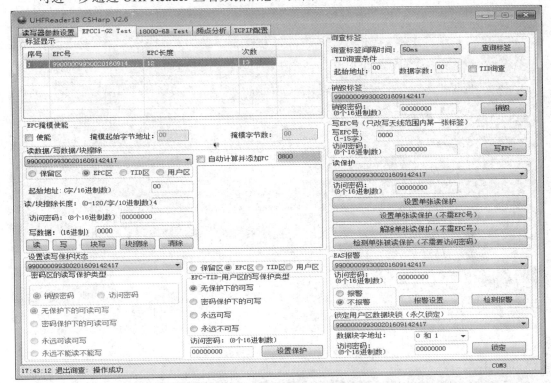

图 10-31　UHFReader 查看数据信息

如果想进一步输入和添加商品信息，可切换到智能商超的软件上进行操作，如图 10-32 所示。

图 10-32　在智能商超上添加商品信息

　　在图 10-32 里可输入商品名称、条形码号、商品价格、商品规格等信息，点击"提交"按钮后显示"添加成功"(图 10-33)，然后加入商品数据库，获得商品列表(图 10-34)。

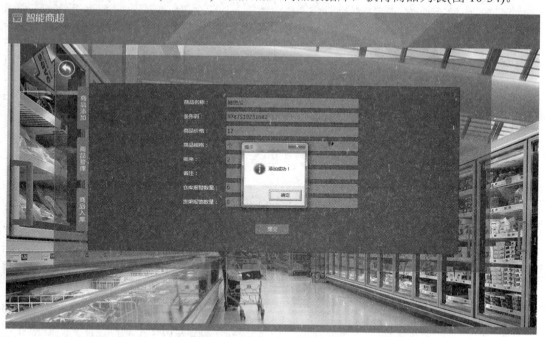

图 10-33　完成商品信息的添加

图 10-34　商品列表信息

　　通过图 10-34 可以查看到多种商品的名称和数量，并可进行修改、删除等操作。如顾客挑选了商品需要购买，可以进行付款操作，如图 10-35 所示。

图 10-35　智能商超上进行付款

　　在图 10-35 的交易界面上完成付款后，系统显示"交易成功，是否打印购物小票"。如需打印购物小票，可使用配备的购物小票打印机进行打印。

　　从本专题的环境配置、代码编写、PC 端软件使用和硬件实物的操作等系列流程，可以模拟超市中的刷卡、购物、支付等实景功能。

参 考 文 献

[1]　彭力. 无线射频识别(RFID)技术基础[M]. 2 版. 北京：北京航空航天大学出版社，2016.

[2]　谢磊，陆桑璐. 射频识别技术：原理、协议及系统设计[M]. 2 版. 北京：科学出版社，2018.

[3]　彭力，徐华. 无线识别技术与应用[M]. 西安：西安电子科技大学出版社，2018.

[4]　孙子文，周治平. 射频识别技术与应用[M]. 北京：高等教育出版社，2017.

[5]　黄玉兰. 物联网射频识别(RFID)核心技术教程[M]. 北京：人民邮电出版社，2016.

[6]　孙子文，周治平. 射频识别技术与应用[M]. 北京：高等教育出版社，2017.

[7]　米志强，杨曙. 射频识别(RFID)技术与应用 [M]. 3 版. 北京：电子工业出版社，2020.

[8]　庞明. 物联网条码技术与射频识别技术[M]. 北京：中国物资出版社，2011.

[9]　李全圣. 特高射频识别技术及应用[M]. 北京：国防工业出版社，2010.

[10]　来清民. 射频识别(RFID)与单片机接口应用实例[M]. 北京：中国电力出版社，2016.

[11]　陈国荣，利节，赖军辉. 射频识别技术及应用[M]. 南京：江苏大学出版社，2019.

[12]　杜立婵，聂晶，张青. 射频识别技术与应用系统开发：基于联创中控 RFID 综合实验平台[M]. 西安：西安电子科技大学出版社，2016.